解析东方经典庭院

下册

刘晔 樊思亮 编

桂离宫
三溪园
兼六园·成巽阁
一乘谷朝仓氏遗迹
栗林园

中国林业出版社
China Forestry Publishing House

图书在版编目（CIP）数据

解析东方经典庭院．下 / 樊思亮主编．-- 北京 ：中国林业出版社，2017.9
ISBN 978-7-5038-9271-4
Ⅰ．①解　Ⅱ．①樊　Ⅲ．①庭院－园林艺术－研究－日本 Ⅳ．①TU986.631.3
中国版本图书馆CIP数据核字（2017）第217710号

主　编：刘　晔　樊思亮
翻　译：黄晓晰　周　玥

特别感谢：井上靖　千宗室　西川孟　冈本茂男　中村昭夫
田畑直　大桥治三　柴田秋介

中国林业出版社
责任编辑：李　顺　袁绯玭
出版咨询：（010）83143569

出　版：中国林业出版社（100009 北京西城区德内大街刘海胡同7号）
网　站：http://lycb.forestry.gov.cn/
印　刷：固安县京平诚乾印刷有限公司
发　行：中国林业出版社
电　话：（010）83143500
版　次：2018年3月第1版
印　次：2018年3月第1次
开　本：889mm×1194mm　1 / 16
印　张：21.25
字　数：200千字
定　价：368.00元

前　言

从汉代起，日本就受中国深厚文化的影响。到公元8世纪的奈良时期，日本开始大量吸收中国的盛唐文化，中国文化也从各方面不断刺激着日本社会。园林亦是如此，日本深受中国园林尤其是唐宋山水园的影响，因而一直保持着与中国园林相近的自然式风格。但结合日本的自然条件和文化背景，形成了它的独特风格而自成体系。日本所特有的山水庭院，精巧细致，在再现自然风景方面十分凝炼。并讲究造园意匠，极富禅意和哲学意味，形成了极端“写意”的艺术风格。

在阅读本书时之前，我们可先大致梳理日本庭院发展概况，以便有助于我们更好地理解东方庭院的精髓。

飞鸟时代(593～710年)：从百济传入佛教后，日本文化有了新的发展，建筑、雕刻、绘画、工艺也从中国输入到日本列岛而兴盛起来。在庭院方面，首推古天皇时代(593～618年)，因受佛教影响，在宫苑的河畔、池畔和寺院境内，布置石造、须弥山，作为庭院主体。从奈良时代到平安时代，日本文化主要是贵族文化，他们憧憬中国的文化，喜作汉诗和汉文，汉代的“三山一池”仙境也影响日本的文学和庭院。这个时期受海洋景观的刺激，池中之岛兴起，还有瀑布、溪流的创作。庭院建筑也有了发展。

平安时代(794～1192年)：京都山水优美，都城里多天然的池塘、涌泉、丘陵，土质肥沃，树草丰富，岩石质良，为庭院的发展提供了得天独厚的条件。据载恒武天皇时期主要建筑都仿唐制，苑园多利用天然的湖池和起伏地形，并模仿汉上林苑营造了“神泉苑”。这一时代前期对庭院山水草木经营十分重视，而且要求表现自然，并逐渐形成以池和岛为主题的“水石庭”风格，且诞生了日本最早的造庭法秘传书，名叫《前庭秘抄》(一名《作庭记》)。后期又有《山水并野形图》一卷。

封建时代：12世纪末，日本社会进入封建时代，武士文化有了显著发展，形成朴素实用的宅院；同时宋朝禅宗传入日本，并以天台宗为基础，建立了法华宗。禅宗思想对吉野时代及以后的庭院新样式的形成有较大影响。此时已逐渐形成“缩景园”和佛教方丈庭的园林形式。

室町时代(14～15世纪)：是日本庭院的黄金时代，造园技术发达，造园意匠最具特色，庭院名师辈出。镰仓吉野时代萌芽的新样式有了发展。室町时代名园众多，不少名园还留存至今。其中以龙安寺方丈南庭、大仙院方丈北东庭等为代表的“枯山水”庭院最为著名。

桃山时代(16世纪)：茶庭勃兴。茶庭顺应自然，面积不大，单设或与庭院其他部分隔开。四周围以竹篱，有庭门和小径通到最主要的建筑即茶汤仪式的茶屋。茶庭面积虽小，但要表现自然的片断，寸地而有深山野谷幽美的意境，一旦进入茶庭好似远离尘凡一般。庭中栽植主要为常绿树，洁净是首要的，庭地和石上都要长有青苔，使茶庭形成“静寂”的氛围。

江户时代(17～19世纪)：初期，日本完成了自己独特风格的民族形式，并且确立起来。当时最著名的代表作是桂离宫庭院。庭院中心为水池，池心有三岛，岛间有桥相连，池苑周围主要苑路环回导引到茶庭洼地以及亭轩院屋建筑。全园主要建筑是古书院、中书院、新书院相错落的建筑组合。池岸曲折，桥梁、石灯、蹲配等别具意匠，庭石和植物材料种类丰富，配合多彩。修学院离宫庭院，以能充分利用地形特点，有文人趣味的特征，与桂离宫并称为江户时代初期双璧。此时园林不仅集中于几个大城市，也遍及全国。

明治维新：明治维新后，日本庭院开始欧化。但欧洲的影响只限于城市公园和一些“洋风”住宅的庭院，私家园林仍以传统风格为主。而且，日本园林作为一种独特的风格传播到欧美各地。

以上对日本庭院的发展做简单介绍，下面还有一些名词，我们也应该有所了解。

枯山水：又叫假山水，是日本特有的造园手法，系日本园林的精华。其本质意义是无水之庭，即庭院内敷白砂，缀以石组或适量树木，因无山无水而得名。

池泉园：是以池泉为中心的园林构成，体现日本园林的本质特征，即岛国性国家的特征。园中以水池为中心，布置岛、瀑布、土山、溪流、桥、亭、榭等。

筑山庭：是在庭院内堆土筑成假山，缀以石组、树木、飞石、石灯笼的园林构成。一般要求有较大的规模，以表现开阔的河山，常利用自然地形加以人工美化，达到幽深丰富的景致。日本筑山庭中的园山在中国园林中被称为岗或阜，日本称为“筑山”（较大的岗阜）或“野筋”（坡度较缓的土丘或山腰）。日本庭院中一般有池泉，但不一定有筑山，即日本以池泉园为主，筑山庭为辅。

平庭即：在平坦的基地上进行规划和建设的园林，一般在平坦的园地上表现出一个山谷地带或原野的风景，用各种岩石、植物、石灯和溪流配置在一起，组成各种自然景色，多用草地、花坛等。根据庭内敷材不同而有芝庭、苔庭、砂庭、石庭等。平庭和筑山庭都有真、行、草三种格式。

茶庭：也叫露庭、露路，是把茶道融入园林之中，为进行茶道的礼仪而创造的一种园林形式。面积很小，可设在筑山庭和平庭之中，一般是在进入茶室前的一段空间里，布置各种景观。步石道路按一定的路线，经厕所、洗手钵最后到达目的地。茶庭犹如中国园林的园中之园，但空间的变化没有中国园林层次丰富。其园林的气氛是以裸露的步石象征崎岖的山间石径，以地上的松叶暗示茂密森林，以蹲踞式的洗手钵象征圣洁泉水，以寺社的围墙、石灯笼来模仿古刹神社的肃穆清静。

样式：回游式、观赏式、坐观式、舟游式是指在大型庭院中，设有“回游式”的环池设路或可兼作水面游览用的“回游兼舟游式”的环池设路等，一般是舟游、回游、坐观三种方式结合在一起，从而增加园林的趣味性。有别于中国园林的步移景随，日本园林是以静观为主。

逐鹿：“逐鹿”为日本园林中一竹制小品名，利用杠杆原理，当竹筒上部注满水后，自然下垂，水倒入空筒中，而后再翘头，回复原来的平衡，尾部击打在撞石上，发出清脆声响，颇为有趣。该小品以静制动，宁静致远，是日本庭院中的代表元素之一。

蹲踞：蹲踞是日式庭院中常见的一种景观小品，用于茶道等正式仪式前洗手用的道具。作为能够清洗身体和内心罪恶的象征物，蹲踞在寺院和神社中是必备品，与石灯一样，原本也是因为茶道而率先设置的。

桥：日本庭院中的桥随处可见，有的是真桥，有的则是假桥，只是用于点缀景色的一组道具，但关键要融于环境中，成为庭院中不可或缺的一个有机组成部分。

日本庭院作为东方庭院的代表，充分体现了“天人合一”的思想，庭院中各处景致无不体现出人的精神，而又更多地表现了对自然的崇敬。我们在学习与借鉴的过程中，无论何时，都能给我们更多想象的空间。本书的编写是在多位庭院前辈的理论和实践基础之上而成，我们参考和借鉴了诸多经典庭院的文字和摄影作品，在此表示由衷敬意和感谢！

编者
2017 年 9 月

目録

桂离宫

宫廷式设计风格

桂离宫的每个角落都经过了园林主人的精雕细琢，无论哪一处都能感受到设计者的匠心独运。桂离宫可以说是

匠心之美的结晶

人们每次游览桂离宫都会被它的美所打动，从心底发出感叹。特别是御殿、月波楼、松琴亭等建筑的设计，更能体现园林设计者自由不羁的设计理念。桂离宫的设计者名叫智仁亲王。他的儿子智忠亲王在其去世后，重新修缮了荒废已久的桂离宫，使其得以保存至今。

红叶中的御幸门。穿过植物构成的低矮围墙，沿着碎石铺就的御幸道一直进到中门。

御殿的入口，俯瞰中门的石板路。

古书院御兴寄为御殿的玄关。中门到御兴寄这一段的石板路以“真飞石”之名闻名天下。

站在御兴寄低头看到的石阶和飞石。

从中岛远眺御殿和古书院前的泊舟处。御殿的左侧从内到外，新御殿、中书院、古书院依次成雁阵形排列。

从院子里一直铺设到古书院南侧的飞石。屋檐下的飞石兼有屋前走廊的功能。

9　乐器坊前的飞石。在测量了行人的步伐大小后，按照这一标准确定石头与石头的间隔，准确摆放。

古书院的“二间”（屏风为《佐野渡图》）和兵器房（屏风为狩野探幽绘《井出玉川图》）

中书院的“一间”，壁龛和多宝格架。卷轴画为细川幽斋书《十五首和歌》。插花为古铜，瓶上写有“割樱”二字。多宝格架严格按照书院建筑的规格建造。

从新御殿的“二间”观赏“一间”。“二间”的壁龛卷轴画为俵屋宗达绘《鹿图》。插花为小堀远州作，花瓶上刻有《松山》。

新御殿“一间”的上座房间。正面左侧家具叫做桂棚，由南洋产珍奇异木制成，构造复杂，天下无双。据传右屏风为狩野永德绘《源氏绘》。

从古书院的走廊观赏竹箆子搭建的观月台以及雾霭中的池塘。

茶亭月波楼。从泥地观赏房间内部。楼名由白居易的“西湖诗”得名。

仰视月波楼化妆式屋顶的内侧。屋顶不铺设平的天花板，在竹制横隔上铺一层竹帘。

 从月波楼中间的房子远眺中岛和松琴亭。从这里眺望的风景令人联想到日本平安时代的恬静之美。

沿着铺设的飞石漫步于园中，
飞石高低错落，
游客的心情也随之起伏，
不断变化的沿路风景更增加了游客对于园林的期待感。

通往松琴亭之路

每当一盏石灯笼出现，
风景就随之发生变化，
仿佛在迎接着游客的到来，
而游人也在不知不觉中被带往这场美之盛宴的最深处。

从红叶马场远眺白雪覆盖的月波楼全景。

从外休息处延伸出的大气的石板路以及石灯笼的雪景。

外休憩处正面照。当松琴亭有茶会时人们便在这里等候集合，同时也可用作宾客游览园林时休息的场所。

外休憩处前的石板路和飞石。石板路长约16米，它的南端是石灯笼，北端则放有内外错方形水槽。

从大堰川的萤桥上看到的鼓瀑布。伴着瀑布的声音过了萤桥，右手边便是松琴亭了。

水中央石灯笼在雨中的样子。

从池中沙洲回头看通往松琴亭的小路。飞石一直铺设到白川石桥。

松琴亭茶室小门前的白川石桥。依稀可以分辨出石头的纹路。

远州所喜爱的桂离宫三景之一。松琴亭前的洗手池。用池中水清洁口和手，相当于茶室前石制洗手盆的作用。

从松琴亭的一间远眺天桥立。桂离宫最美的景色之一。左边墙前还放有锅灶。

从中岛远眺松琴亭泊舟处。在古书院前的泊舟处乘船，划船到松琴亭泊舟处，是去往松琴亭的首选路线。

从红叶马场远眺雪中的松琴亭。

回看从松琴亭泊舟处到萤谷的飞石路，沿路皆铺着各种名石。

在桂离宫，各式各样的石头才是主角。众多的飞石和石桥都各有自己的姿态。而且每一块石头在充分展现设计者创作理念的同时，又兼具实用性。

石头的造型

外休憩处前，稀疏排列的飞石和御兴寄前紧密铺设的『真飞石』形成了鲜明的对比。此外，还有石灯笼和石制洗手池，无一不是经过精心设计布置的。桂离宫的每一块石头看似随意地放置在那里，游客突然关注这些石头时，它们只是静静地演奏着旋律，渐渐地汇成了响彻云霄的交响曲，歌颂着桂离宫的美丽。

御兴寄旁的方柱形洗手池。

月波楼前的镰刀形洗手池。

松琴亭前的洗手池和天桥立。

赏花亭前的铁钵形洗手池。

外休息处前石路北侧的二重错方形洗手池。

笑意轩前的洗手池，上刻“浮月”。

园林堂前的木瓜形洗手池。

月波楼前的石灯笼。

御兴寄前的织部石灯笼。

外休息处的石灯笼。

苏铁山的石灯笼。

松琴亭前西侧的石灯笼。

池塘沿路的织部灯笼和沙洲中的岬灯笼。

中岛东岸的织部灯笼。

松琴亭泊舟处的织部灯笼。

笑意轩泊舟处的置式灯笼（三光灯笼）。

中岛南岸的置式灯笼。

笑意轩路的三角雪见灯笼。

梅马场东侧的雪见灯笼。

离开松琴亭后便进入了山间小路。之后来到赏花亭，脚下便是宽广的池塘，透过树梢隐约可见远方的比惠山。看过如此柔美的自然风景后，没有人会相信这一切都是人工造景的结果吧。桂离宫的春天开满了樱花，秋天是漫山的红叶……这一切描绘出了桂离宫的四季风景图。

从赏花亭到笑意轩

下了小山，穿过园林堂，便是田园风格的笑意轩。笑意轩屋檐下是一排圆形木格窗户，制作精美典雅，从这里也可看出园林设计者的匠心独运。

从松琴亭泊舟处出来，穿过萤谷，便是一路的缓坡，路上铺着的飞石一直延伸到赏花亭。

在山下观赏红叶中的赏花亭。秋天时，会在亭子门口处挂上写有“龙田屋”的门帘。

赏花亭前的荻和洗手池。

通往赏花亭路上的水萤灯笼。

面向园林堂正面的飞石。天然的飞石和方形飞石中间隔着长方形的花岗岩切割石。

站在笑意轩泥地房间的屋檐下观赏名叫“口间”和“中间”的房间。拉门上方安装的圆形窗户被当做楣窗使用。

笑意轩北面的全景和泊舟处。笑意轩在桂离宫所有的茶亭中被认为是距今最近的茶亭。

笑意轩外廊前的洗手池和石板路。土桥的左侧是梅马场，右侧通往园林堂。

笑意轩泊舟处。最里面是三光灯笼，可以在夜间为小船照明。

名叫“龟尾”的出岛上种植的住吉松。

桂离宫的管理　儿岛　弘

桂离宫之美　井上　靖

庭园解说　桂离宫　斋藤　忠一

桂离宫园林　实际测量图　野村　勘治

桂离宫的管理

儿岛　宏
内厅京都事务所所长

每年都会有国家首脑、外宾访问京都，我作为宫内厅京都事务所所长，届时需要带领客人参观御所、离宫等名胜古迹。通常，客人最想参观的是桂离宫，但对于外国客人来说，京都御所、修学院离宫等景点更容易理解欣赏其中之美。

例如，驻足修学院离宫邻云亭，不仅可以俯瞰浴龙池，还可远眺洛北的群山，此外，京都市内的街道和远方西山的群峰也可尽收眼底，一派壮丽宏大之景象。

尽管如此，海外游客首选的访问之处依然是桂离宫。这恐怕是因为德国建筑家布鲁诺·陶特（BranoTant）参观桂离宫后，曾这样评价：『美丽得令人热泪盈眶。』布鲁诺第一次参观桂离宫是在1933年的五月上旬。在五月的和风中，充盈着新绿的桂离宫展现出那个时节独有的晴美之姿，山藤淡淡的紫色中点缀着杜鹃花的火红，整个桂离宫仿佛在迎接布鲁诺的到来。漫步于环游式庭院的布鲁诺一定是在仔细观察了书院、茶室等一系列建筑的内外部之后才发出了以上的感叹。

在1976至1982年间，宫内厅曾对桂离宫的古书院、中书院、乐器房、新御殿进行了解体修缮工程。眼下（注：书籍出版时间为1989年），从1985年开始又对茶室等建筑展开了为期六年的整修工作。御幸门、园林堂、外部休憩处、月波楼、松琴亭等建筑修缮完毕后，将在1989年和1990年对赏花亭、笑意轩进行全面翻修。

此外，关于桂离宫对游客开放区域的问题。从1967年开始只对游客开放庭院以及建筑物外部，书院等建筑的内部一直没有对游客开放。也正因为如此，最近宫内厅对于庭院内的树木，尤其是池塘周围、中岛的松树等植物太过繁茂的问题特别在意，对此，也有游客向我们反映此事。这些植物之所以如此繁茂，是因为，经历了1934年室户台风之后，宫内厅在对桂离宫进行修复时，将原有的松树等针叶树改种为橡树等抗台风较强的常绿阔叶树。池塘的中岛、半岛部分的松树、杜鹃花也生长得越来越繁茂。但如果说植物的茂盛遮蔽了池塘周围的景观，使得风景失去了幽深韵味的话，我觉得此话有些夸张。植物原本便是有生命的事物，园林的管理人员每天也都在努力的工作着。解决这个问题不是轻而易举之事。

将来，我没想将笑意轩外侧的隔扇打开，把建筑物旁边的大津栅栏以及树木移开，将桂离宫周围的水田划入园林内，再建以围栏，营造一派田园风景。

1933年布鲁诺访问桂离宫时还没有现在这么多问题，池塘的水也比现在干净很多。作为桂离宫的管理者，为了维持桂离宫最好的状态，我深切地感受到今后所需做的工作还有很多。

桂离宫之美

小宇宙

井上靖

游览桂离宫的人一定会首先惊叹于它美丽的竹制篱笆。汽车沿着竹制篱笆的围墙行驶，不论游客是否特别留意，一路的竹制篱笆自然而然地映入游客的眼帘。这些竹制篱笆没有离宫围墙拒人千里之外的威严感，有的只是一种仿佛『篱笆深处有农家』一般的平易近人的亲切感。因此也能从中感受到制作这些篱笆所耗费的心血。竹篱笆是用竹林中的竹子直接编制而成的。当然，并非离宫全部都被竹篱笆包围。竹篱笆仅限于栽有竹林的东侧部分，竹篱笆的尽头是用竹子的穗编成的整洁雅致的栅栏，穿过栅栏后离宫正门便呈现在游客眼前。正门的门扇和门框也全部用竹子制成，从中可以感受到大门质地的别致与精美。到达此处我们一行人才意识到这里是身份高贵之人的山庄风格的府邸。

我们一行参观者需从离正门不远处的便门进入桂离宫。便门的前面是广场，在这里可以看到分散在各处、等待参观的游客。在广场停留的这段时间，谁都想象不出自己即将参观的这座著名的园林会是怎样的风景。便门的旁边种有山茶花

穗垣

桂垣

树，山茶树的红花和园林中竹林的青翠交相呼应，不胜美丽。

从便门进入，一踏进园内，便感觉到自己仿佛置身于一个截然不同的世界。树木、石头、灌木，园内所有的陈设均按照园林设计者的设计整齐摆放。我们这些游客不能随意走动。因为，已有铺设好供人行走的石子路。这些路在古代原本是为园林的设计者兼主人所铺设的，如今我们也不得不走在上面。除此之外，当时的园林设计者边走边看到的池塘边、假山、茶亭、灌木等风景也和当年一样尽收我们的眼底。

桂离宫设计建造距今已过去了三个半世纪的岁月。在这期间，桂离宫历经变幻，与建造之初有很多不同之处，尽管如此，依旧可以感受到最初设计者的设计理念对于桂离宫的影响。

在前文中我曾说一踏进园林便感觉置身于截然不同的世界，而这个崭新的世界是由设计者一个人所构建的，园内的一草一木都体现着设计者的理念。游客游玩时，可以以设计好的视角看到所有的景色。

啊，你们来到了这个庭院，觉得这座园林如何呢？美丽与否？

我们仿佛听到了三个半世纪前的设计者的声音。

参观桂离宫仿佛是被邀请到一处名叫桂离宫的著名茶室。茶室就好像是主人与客人间有关美学和修养的校场。茶室中悬挂在墙上的画轴，插花，茶勺，还有从茶室向外眺望时看到的灌木，摆放的石头，园林中的一切都是主人精心准备的用于对决的手中纸牌。至于客人如何应对，那是客人的自由。唯一明确的只是主人对于客人提出的挑战。接受挑战奋起决斗的客人也有，从容不迫地应对挑战的客人也有。也有客人从一开始便对此不抱有任何敌意。

中門と黒文字垣

御幸道

如果把茶室看作是关于美学和修养的校场，那么也可把桂离宫看作是设计者和游客的校场。就像茶室是主人的小宇宙一样，桂离宫也是设计者的小宇宙。我们现在正在被邀请进入这个世界。我们所看到的风景已不再是自然界的一部分，而是充满自信和自尊心的园林设计者在一番精挑细选之后由诸多工匠的绝活所构建的世界。

桂离宫的庭院是环游式庭院。池塘的周围坐落着几座假山、茶亭等，道路将这些景点连接起来环绕在池塘周围。据说桂离宫是环游式庭院的首创，吸取了在这之前的日式庭院的所有元素。恐怕真的是这样吧。

我们从侧门进入桂离宫，正式场合原本应从现在已经关闭的简朴美观的正门进入，沿着长长的石子路，穿过御幸门，来到园林的中央。据说御幸门是在桂离宫落成很久之后才修建的，但即便如此，御幸门是园林的入口这一点却是毋庸置疑的。穿过御幸门，右手边是一条青黑色小石子铺成的道路。道路两旁生长着青色的苔藓，精心修剪的篱笆将这条道路与周围景物分隔开来。篱笆内侧整齐地栽种着一排树木，看样子大概是枫树，可以想象出秋天红叶桂满枝头的景象。虽然这条路叫做御幸道，但这样的名称也是在御幸门建好之后才得来的吧。这条道路将游客引入到这座带有池塘的广阔园林之中，其重要性不言而喻，因此园林设计者恐怕在这条路上下了一番功夫吧。顺着篱笆一路走来，如果不是看到栽种在篱笆内侧光秃秃的树木和青青的苔藓，即使被告知这里是西班牙庭院的一部分也不会有任何疑问吧。之所以这么说，是因为桂离宫拥有和西班牙庭院相媲美的优美的流线型。道路的尽头便是土桥了。游客信步于此，视野豁然开朗，在这里可以一眼望到以池塘为中心的广阔园林，整个园林的风景毫无保留地呈现在我们眼前。

御殿外観

从西班牙式庭院到日式庭院的转换就在这一瞬间完成。春夏秋冬，四季轮回，不论是哪个季节的桂离宫，都让游客沉醉不已。我们游览桂离宫是在春季，因此瞬间被春季的桂离宫之美所吸引。虽是春日里的园林，却还未见百花盛开。只见裸露的树梢头泛出点点新绿，我最初游览那天下着春雨，第二次游览时只见春日明媚的阳光洒满整座庭院。

虽说未见百花盛开，但也并不是说完全没有春日的鲜花。漫步在池塘周围，也可看到树丛中开放的山茶花，茶亭旁的白梅和红梅，但盛开的花朵屈指可数。桂离宫的建造者即便对于春天也没有放松严格的要求。亦或对于春天要求最为严格、苛刻。

在前文中我曾写道，『可以将以池塘为中心的广阔园林尽收眼底』，虽然我是这样想的，但事实上，我们只是从某一角度观赏广阔的园林而已。踏着石子路来到假山的山顶，亦或是下山来到池边，随着脚步的移动，眼前的风景也跟着一步一步地变化。整个园林的风景交相呼应，如同旋转舞台般变化莫测。池塘一会儿变得宽阔起来，一会儿又变得有些狭小，书院、茶亭也因为观赏角度的不同呈现出完全不同的姿态。

雨天游览桂离宫时，为了防止滑倒，我把视线全部集中在了脚下的石头上，但即便如此也一点都不感到厌倦。丹波石、十津川石等，各式各样的石头聚集在这里，仔细观察才发现，原来所有的石头颜色和纹理都全然不同，一些地方相同的石头堆积在一起，一些地方不同的石头被混杂放置着。我一边走路，一边欣赏着渐次呈现在眼前的石头。即便看不到周围的景色，我依旧沉浸在这样的乐趣之中，十分惬意。虽说西班牙庭院的乐趣也在于脚下的石子路，但相比之下，桂离

蘇鉄山

宫的石子路则更为自由随性。艾勒汉卜拉宫（Alhambra）的石板路也凝结了工匠许多心血，使用了不同颜色的石头，而且在石头上雕刻了各式花纹，但即便如此，仍难免给人一种矫揉造作之感。而桂离宫的设计则更为凝练，设计者灵活运用石头本身的自然纹理，不论如何摆放，都透露出日式独有的韵味。

再次游览桂离宫时我已不像在雨天游览时那样将全部注意力放在脚下。那日天气晴朗，春日的阳光透过灌木的缝隙洒落在地上，稀稀疏疏，十分美丽。阳光有的洒落在假山上，有的散落在池塘边，我寻着这些洒落在地上的阳光再次游览了桂离宫。

登上假山后，相比站在山顶的茶亭前，我更喜欢欣赏茶亭后面不被注意的茂密草丛。那里凉爽安静，丝毫没有阴郁之感。侧耳倾听，仿佛还能隐约听到流水声。如果说桂离宫有两张面孔的话，这里便是它背面的面孔。园林的设计者将桂离宫背面的面孔建造得和正面一样精美。在这里山茶花静静地绽放着，而从这里看到的桂离宫则是最美的。我想或许桂离宫的设计者有意将美丽的桂川风景遮挡在外，只将整个园林静静地放置在桂川旁，把桂离宫最美的一角留给自己，不希望任何人踏入。

人们都说随着视角的变化，桂离宫的美也不尽相同。我曾多次游览桂离宫，每次都以为自己找到了俯瞰桂离宫的最佳位置。但事实并非如此，随着四季更替，阴晴变化，观赏桂离宫的最佳位置也在不断变化。

那么，站在哪里欣赏桂离宫都可以。但需要注意一点，不论站在哪里欣赏，都不要轻率地说那里是观赏的最佳位置。

桂离宫的设计者好像在这样说。虽然知道自己不论说哪里最美，园林设计者

松琴亭一の間

松琴亭外観

都不会满意，但如果让我自己选择最喜欢的一隅的话，因为游览桂离宫恰好是在春天，所以我会选出春天桂离宫最美的角落，那便是笑意轩到书院旁边一片名叫梅马场的地方。在这里眺望远处的池塘，虽然不甚清楚，但树木依稀可见，而且有着一种春天所独有的透亮和生机，让人心生惬意。桂离宫的设计者应该会喜欢这样的春天吧。将笑意轩和池塘隔开的道路上盛开着白梅和红梅，十分美丽，不禁感叹梅花生长在这样的地方应该也很幸福吧。

智仁亲王的艺术

在前文当中，我一直把设计、主持修建桂离宫的人简单地称作园林设计者，但更准确地说，应该称呼设计者为智仁亲王。他是阳光院的第六子，后阳成帝的胞弟，天正十六年（一五八八年）成为丰臣秀吉的义子，尊号八条殿，庆长六年（一六〇一年）就任式部卿，卒于宽永六年（一六二九年）的春天，享年五十一岁。

因为桂离宫是由智仁亲王主持建造的，所以在之后的很长一段时间里桂离宫一直都是八条公家的别墅，直到明治时期桂宫家（八条公家）衰败，才移交宫内厅管理，改名为桂离宫。

参观过桂离宫后，我最感兴趣的便是，这座园林的设计者八条殿智仁亲王。智仁亲王是怎样一个人，现在详情已无从知晓。智仁亲王在世时，一天，皇宫附近发生火灾，眼看火势就要蔓延到皇宫一带的时候，智仁亲王来到清凉殿，让人大声禀报天皇，他要牺牲自己以求免除灾祸。从这件事也可看出，智仁亲王的尊君思想根深蒂固。他是支持天皇，反对幕府的代表者。智仁亲王古典造诣深厚，

古書院月見台

在茶道方面也有很高成就。总而言之，是修养极高的人，擅长各种风流雅事，在当时社会是数一数二的人物。

智仁亲王生前视建造桂离宫为毕生事业，他每天思考着如何设计摆放园中的石头，先是试着将石头摆放在一处，然后移开，又将石头摆放在别处，苦心孤诣，每日重复着这样的工作。而智仁亲王的离世也标志着桂离宫的落成，这座园林在古代的模样也基本保存至今。

观月台的月亮

古书院前设有观月台。从建筑学的角度讲，中书院夏季凉爽，适宜做别墅；中秋又最适合赏月。事实上也有许多在观月台赏月的记载。

对于我来说，没有什么事情比在脑海中描绘桂离宫的设计者对月而坐的样子更能引起我的兴趣了。同行的友人给我指了指月出的方位。于是我也登上观月台，试着正坐于此。

无论如何我都想象不出月下桂离宫明亮的样子。不论月光如何皎洁，我想象中的桂离宫只是一幅阴郁的画面。我曾在穗高山的涸固登山小屋赏月，因此知道在高山上看到的月亮是怎样一副阴郁的样子。月光下，山峦重叠之处形成阴影，一半的溪谷在光亮中，另一半则在黑暗之中。我想赏月的最佳之处莫过于碧波万顷的海上，或是一望无际的原野了。月光倾洒在广阔的大海、原野上，无边无际，一片皎洁明朗。

我想象着自己端坐在古书院的观月台上，只见面前的池塘一片明亮，周围层

和暦	西暦	桂離宮庭園関連年表
天正 七	一五七九	一月、正親町天皇第一皇子誠仁親王の第六皇子として、胡佐磨(後の智仁親王)誕生。
一八	九〇	九月、八条宮家創設。豊臣秀吉が猶子である胡佐磨のために奏請。
慶長 五	一六〇〇	智仁親王、細川幽斎から『古今和歌集』の相伝を受ける(古今伝授)。
七	〇二	五月、智仁親王、八条殿の庭に泉水を掘り、八月、書院を建てる。
一四	〇九	十一月、今出川へ移転した八条殿に新書院建築される。
元和 元	一五	この頃、智仁親王が桂別業を創始。
五	一九	十一月、八条宮若宮、後の智忠親王誕生。
六	二〇	六月、『智仁親王御年暦』に「女御入内、下桂茶屋之普譜スル」との記事。十一月、親王、宮津藩主京極高知の女(後の常照院)と再婚。
八	二二	十二月、八条宮二宮、後の良尚法親王誕生。
九	二三	小堀遠州、伏見奉行となる。(一六四七年、逝去)
寛永 元	二四	六月、『鹿苑日録』の作者昕叔顕晫、桂別業を訪問。七月、智忠親王、後水尾天皇の猶子となる。
二	二五	四月、将軍徳川家光、智仁親王と対面。九月、金地院崇伝『桂亭記』撰。
六	二九	四月、智仁親王、薨去。五十一歳。智忠親王、八条宮家を相続。
十八	四一	智忠親王、初めて桂別業を訪れる。
十九	四二	九月、智忠親王、加賀藩主前田利常の女富子(富姫)と結婚。
正保 三	四六	智忠親王、堺で利休の数寄屋を見る。
四	四七	梅宮(智忠親王の妹)、桂別業に一泊、月の出を見る。
慶安 二	四九	五月、智忠親王、『隔蓂記』作者鳳林承章らを桂別業に招く。
承応 三	五四	九月、後水尾法皇皇子幸宮(後の穏仁親王)、智忠親王の猶子となる。
明暦 二	五六	良尚法親王、一乗寺に曼殊院を移転、書院を完成させる。
万治 元	五八	三月、後水尾法皇、初の桂別業御幸。
寛文 二	六二	七月、智忠親王薨去。四十四歳。八月、智忠親王妃薨去。
三	六三	三月、十一月、後水尾法皇、桂別業御幸。
五	六五	十月、第三代穏仁親王薨去。二十三歳。
元禄 九	九六	七月、霊元上皇第六皇子富貴宮(後の文仁親王)、八条宮家を相続。第六代となり京極宮と改称。
享保 六	一七二一	七月、洪水により松琴亭床下まで浸水。中島沈む。
天明 八	八八	一月、京都大火。禁裏の炎上により京極殿も類焼。
文化 七	一八一〇	九月、光格天皇第五皇子磐宮(後の盛仁親王)誕生。京極宮家を相続し、桂宮と改称。(第九代)
文久 二	六二	十二月、仁孝天皇第三皇女淑子内親王、桂宮家を相続。(第十一代)
明治一四	八一	十月、淑子内親王薨去。桂宮家、断絶。
一六	八三	九月、桂別業を離宮と定め、桂離宮と称する。
二六	九三	六月、古書院の修繕起工。以後、中書院、新御殿の修繕、行われる。
昭和 八	一九三三	ブルーノ・タウトが訪れ、海外に紹介する。
四二	六七	四月、保存のため御殿上への参観を停止し、庭園のみの巡覧とする。
五一	七六	四月、古書院、中書院、新御殿の解体、調査、補修工事着工。
五七	八二	三月、修理完成。

层叠叠的假山处在阴影之中。被阴影包围着的池塘虽有光亮，但总给人一种阴森之感。

事实上，因为没有见过月光下的桂离宫，所以我才敢如此妄加猜测。但桂离宫的确让我产生这样的想象。而且，我试图在脑海中想象着月光的照射区域不断扩大。皎洁的月光照射下，桂川河畔的原野在我的脑海中不断放大。在那皎洁月光照耀的原野中，桂离宫静静地隐藏在茂密的树丛中。园中有人工的池塘、假山、灌木，池塘中有小岛，园中还分散着许多小的茶亭。面池塘而建的唯一一处大的建筑物，便是古书院和中书院。一位中年的贵族，端坐在那古书院的观月台上。

我坐在古书院的观月台俯瞰月色中的桂离宫，始终觉得这样的庭院有一丝阴郁之感。桂川一带的建筑群，唯有桂离宫给我这种感觉。桂离宫在煌煌月光的笼罩下，所有人造景观都带有一半阴影面，小石灯、石头、休憩处、不计其数的园林植物，无一例外。除此之外，还有凝视着这一切的人。

白天的桂离宫明亮舒朗，而月夜则一副阴气森森的样子。我猜测月下的桂离宫是园林设计者唯一一件事与愿违的作品。园林设计者不相信自然，甚至有些排斥，略显自负的设计者试图全部依靠自己的力量营造一个美的世界。但如果说设计者遭到了大自然报复的话，那便表现在中秋明月夜的桂离宫。观赏完月夜的桂离宫后我不禁这样猜测。

中島、松琴亭俯瞰

原本，人们建造园林的出发点便是依据自己的喜好，加工、修整自然界，使之成为一个符合人类审美的空间。在这一点上，外国的园林和日本的园林都一样。

而桂离宫亦是如此。在前文中我曾说道，桂离宫的设计者不相信自然，甚至有些排斥，但这并不代表设计者完全否定自然。桂离宫的设计者不同于龙安寺石庭的设计者，后者否定了树木和苔藓等有生命的植物，他只利用亘古不变的沙石来构筑一个空间。龙安寺的石庭与禅家精神有着千丝万缕的联系，但桂离宫的庭院却丝毫感受不到这样一种禁欲的气息。甚至可以说，桂离宫的设计者虽然不相信称得上是优美的自然，但在自然所应担当主角之处，设计者还是给予自然相应的舞台。有人说，桂离宫灵活运用了自然之美，我认为完全可以这样说。恐怕再也没有哪座园林能像桂离宫这样，将园中四季轮回之美作为贡品，向观赏者朝贡了吧。

一般来说，当把日本的著名园林与外国名园相比较时，最大的不同之处是，日本的园林是设计者自己的私人物品。它不属于任何人，只属于园林设计者本人。而桂离宫则最为明显地反映了这一点。我们这些参观者怀着恭敬的态度，轻手轻脚地参观着桂离宫，对设计者充满了尊重与敬仰。参观完后我们不禁感叹桂离宫之美，随后我们还想发表些评论。人类总喜欢在欣赏完杰出的艺术品之后，试图参与解读艺术品之美。参观完桂离宫后便是这样一种感受，而我也是评论者之一。我书写这篇散文完全处于一种自由的状态。因为我相信桂离宫的设计者一定会接纳各种评价，不论是阿谀奉承，亦或是批评指正。

（作家）

（摘自淡交社发行的《多彩的宫廷园林——桂离宫》一书中的『桂离宫』一文）

庭园解说　桂离宮

斎藤　忠一

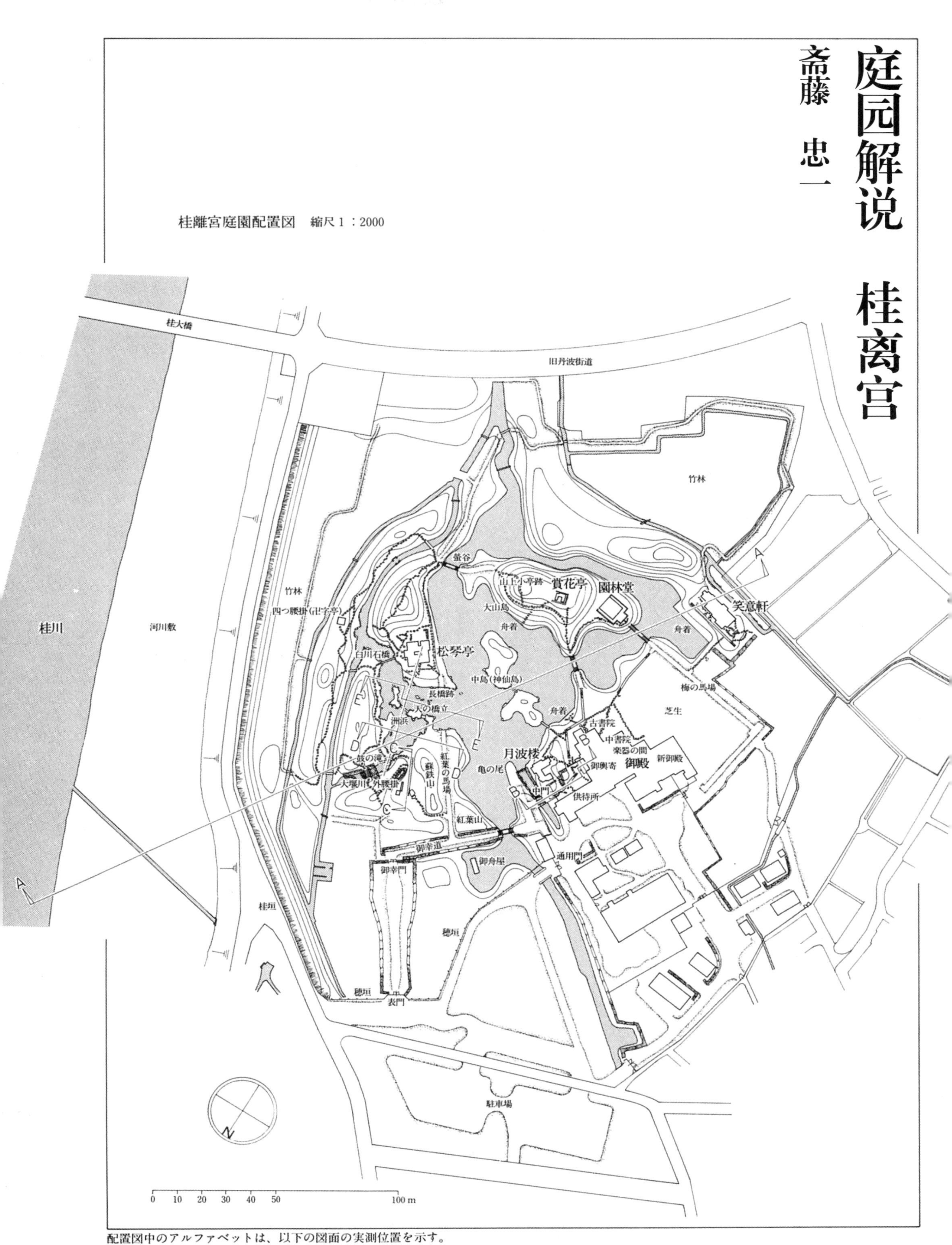

配置図中のアルファベットは、以下の図面の実測位置を示す。

桂川舟游

过了桂大桥，沿着桂川右岸的河堤前行。道路的右侧流淌着桂川，左手边高大的朴树下面便是竹叶篱笆。用竹林中的小竹子编织而成的竹叶篱笆自然而然地形成一面围墙，朴素而美丽。人们把这面围墙叫做桂墙，或是桂的竹制围墙。桂墙长约二三百米，墙内便是桂离宫。

翻看古代的地图便可知道，桂川的堤坝上原先种植着一排松树。

在智仁亲王建造桂离宫时，曾多次邀请公卿、僧侣、神官等在桂川泛舟游玩。竹林中还建有竹林亭，从那里可以远眺桂川中的叶叶扁舟，低矮的河堤和桂离宫融为一体，别有一番风味。

那时，还没有桂大桥，只有简易的渡船，乘渡船渡过桂川进入桂离宫。

随着桂离宫池泉规模的扩大，在园林里的池塘中也可划船，所以在桂川上泛舟游玩的情形也就渐渐消失了。

御幸道

在竹篱笆的尽头向左拐，便是被称为穗篱笆的精美围墙。穗篱笆是将竹穗横着编织整齐，顶部再用劈开的竹子加以固定。正门便修建在穗篱笆中朝西的位置。原木制成的门柱两侧连接着由竹子紧密排列而成的篱笆。

推开正门，里面的风景与之前截然不同。一路走来看到的竹林景色在这里消失，取而代之的是整齐排列在道路两侧的松树和枫树，正面是茅草制成的御幸门。道路宽广，道路尽头逐渐变宽，上铺细碎的石子，一派悠然的景象。之前广阔的河川景色到此凝缩汇聚为一条道路。

穿过御幸门，景色再次发生变化。道路上铺有拳头大小的石头，左右两侧以篱笆阻隔开来，前面还有枫树形成的隧道一样的拱门。视野一下子变得狭窄起来，隐约看到远处高耸的土桥。这条路名叫御幸道，一路铺着大小相间的石头，在日本的庭院当中，御幸道堪称最美的园林道路。

站在土桥上，出乎意料的风景呈现在游客面前。池泉在左侧不断向内延伸，一片广阔的修剪齐整的草丛之上月波楼依稀可见。站在这里才第一次目睹桂离宫的池泉庭院。而事实上，站在这里看到的桂离宫的池塘泉水是最为美丽且韵味深远的。

一路上，游人看惯了桂川的风景，突然让他再看人工的池塘庭院，即便是著名的桂离宫，也会觉得相比雄浑的大自然还是稍逊一筹。但进入桂离宫视野便一直在缩小，美的元素也在不断转变，当人们被脚下的石子路之美所吸引时，池塘又突然呈现在游客的面前。经历了这样一番园林设计者的精心设计安排，桂离宫的池塘泉水看起来就要比桂川更加雄大美丽了。

真飞石

从御幸道向右拐便进入了茅草制成的中门。在一片青苔之中是由切割好的石头铺就的石板路。石板路斜对着御兴寄，切割成正方形的石块组成了『く』字形和『品』字形，其中还夹杂着未经切割的石块。人们把这段石板路叫做『真飞石』。

智忠亲王为了迎接后水尾上皇的驾临修建了御幸门、御幸道、真飞石。因此要求石板路的铺设为切割好的石块，以显庄重。但从山庄别墅的建筑风格来看，如草体般飘逸的飞石排列结构更符合整体建造美学。

融合了结构整齐的要求和清新飘逸的偏好设计而成的便是真飞石。『结构整齐』在形状上便是正方形，将石头切割成正方形用作飞石也是这样的初衷。

这种整齐而不失灵动的组合方法，还以行书和草体（注：行书、草体此处均为日式园林道路的专有名词）等组合形式被运用在了其他地方。

石板铺就的道路斜着成为一条轴线，这条轴线不穿过中门和御兴寄，而是对着放鞋石板和围墙的角度。这一建造手法可以在小堀远州所设计的庭院中看到，被称为『错角』法，这种建造手法在桂离宫随处可见。

舟游和陆上环游

在古代，桂离宫的游览路线原本是从御兴寄出来到御殿，之后再从古书院走廊前的石板路来到泊舟处，从那里乘船游览。在松琴亭、大山岛、笑意轩等地泊舟品茶，吃过宴席之后乘船继续游玩。桂离宫以方便乘船游玩为第一目的建造而成。

泛舟游览桂离宫时看到的景色异常秀

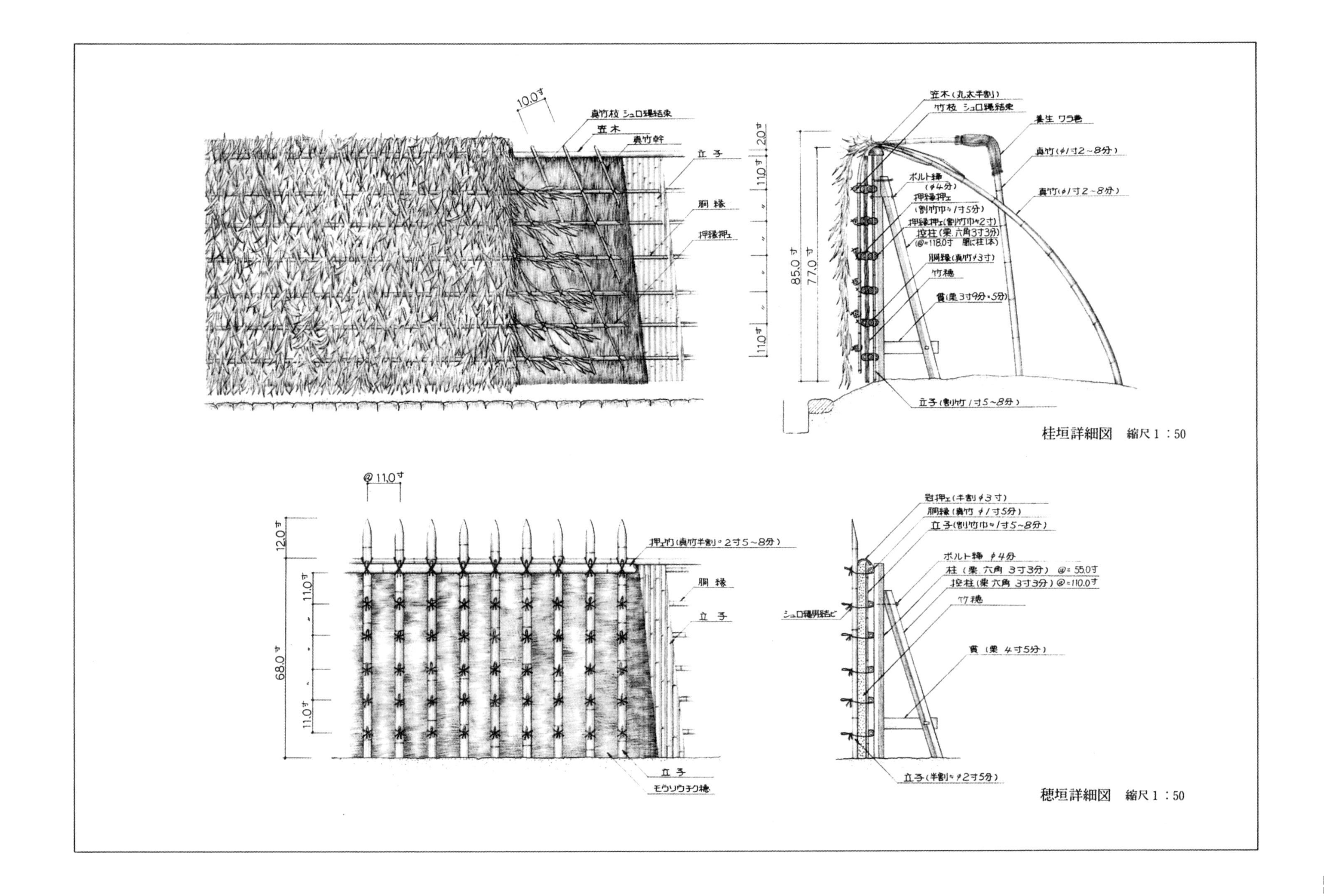

桂垣詳細図　縮尺1：50

穂垣詳細図　縮尺1：50

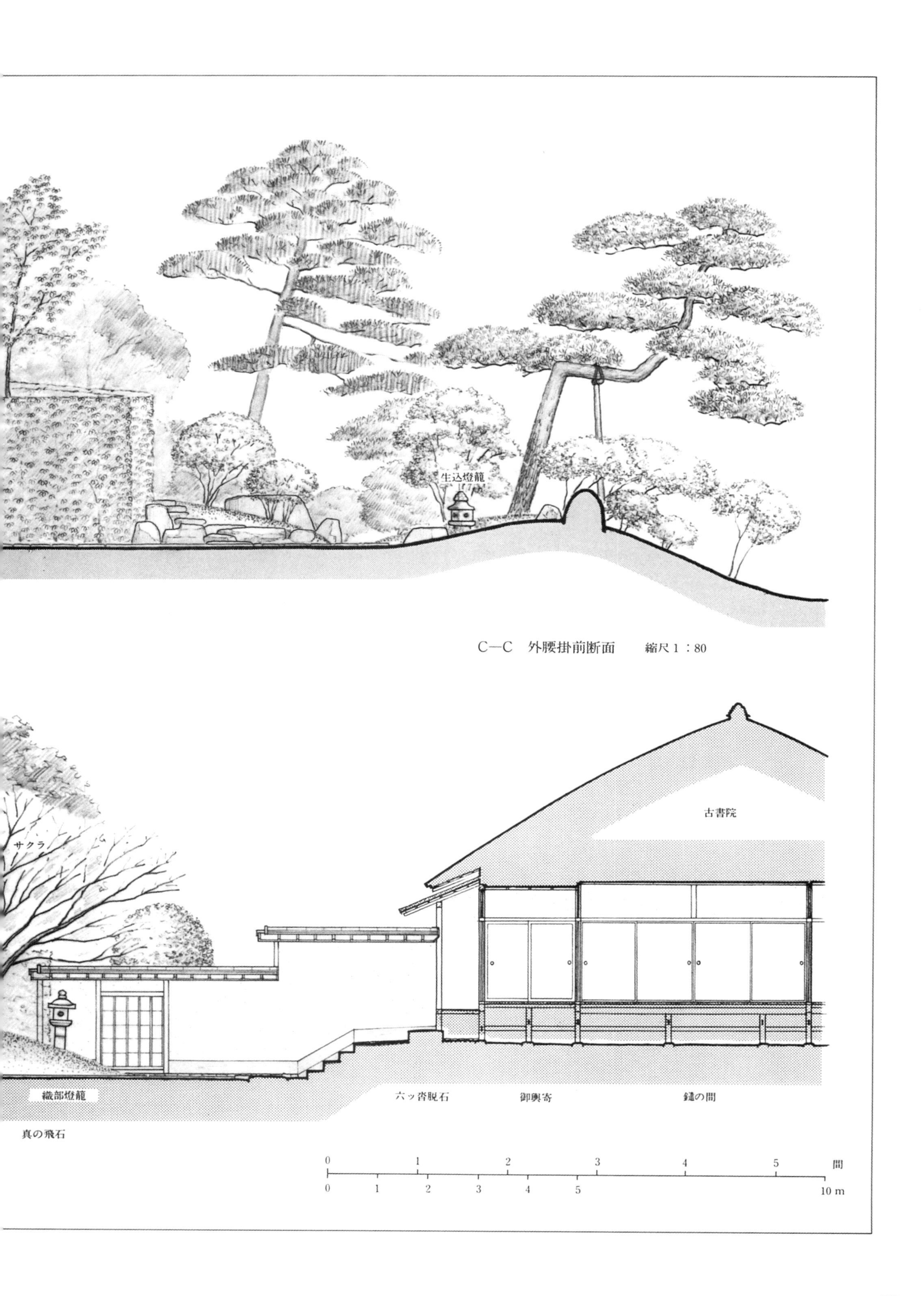
生込燈籠
C—C　外腰掛前断面　縮尺1：80
古書院
サクラ
織部燈籠
六ッ沓脱石
御輿寄
鑓の間
真の飛石
0 1 2 3 4 5 間
0 1 2 3 4 5 10 m

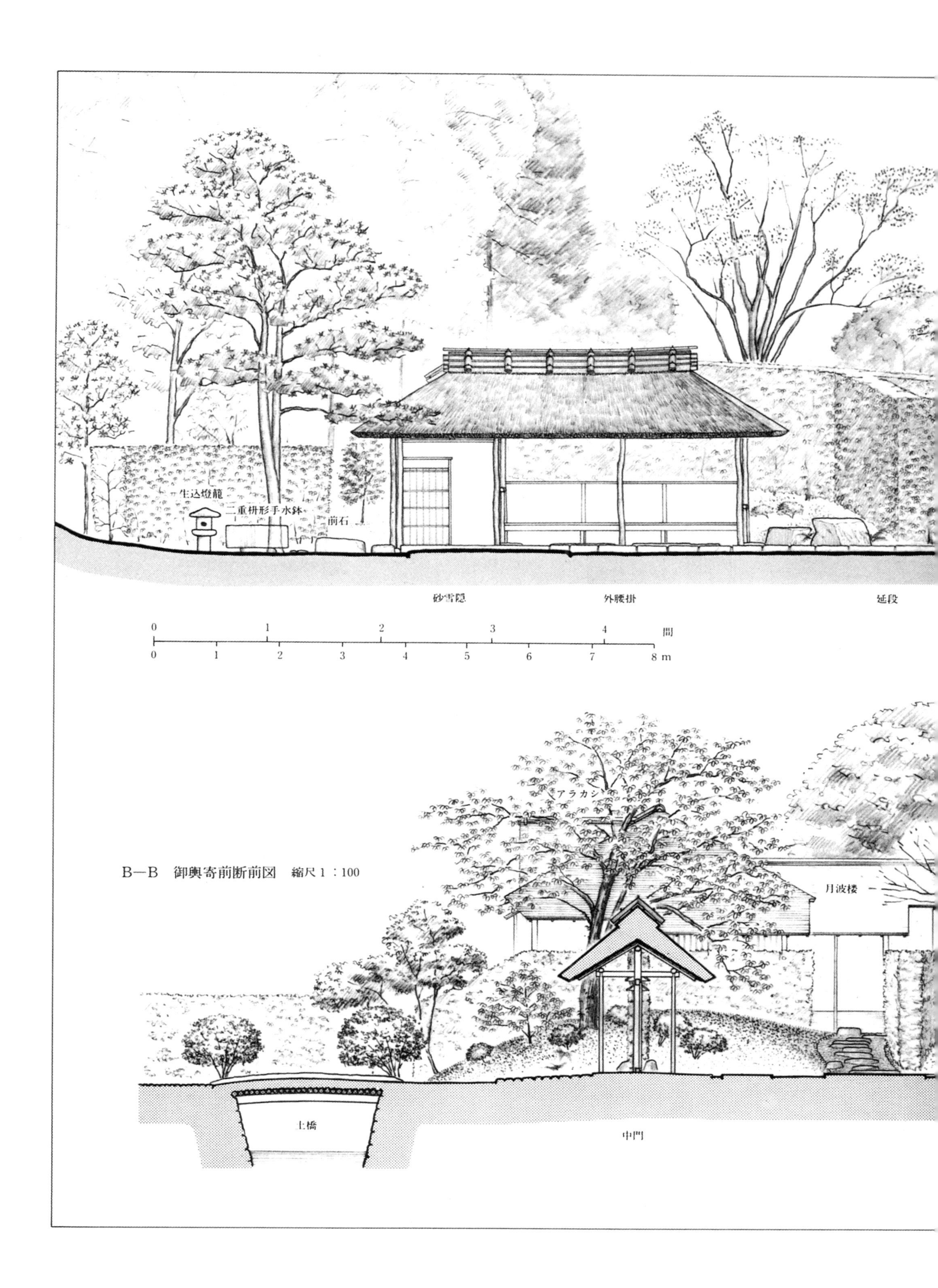

B—B　御輿寄前断前図　縮尺 1：100

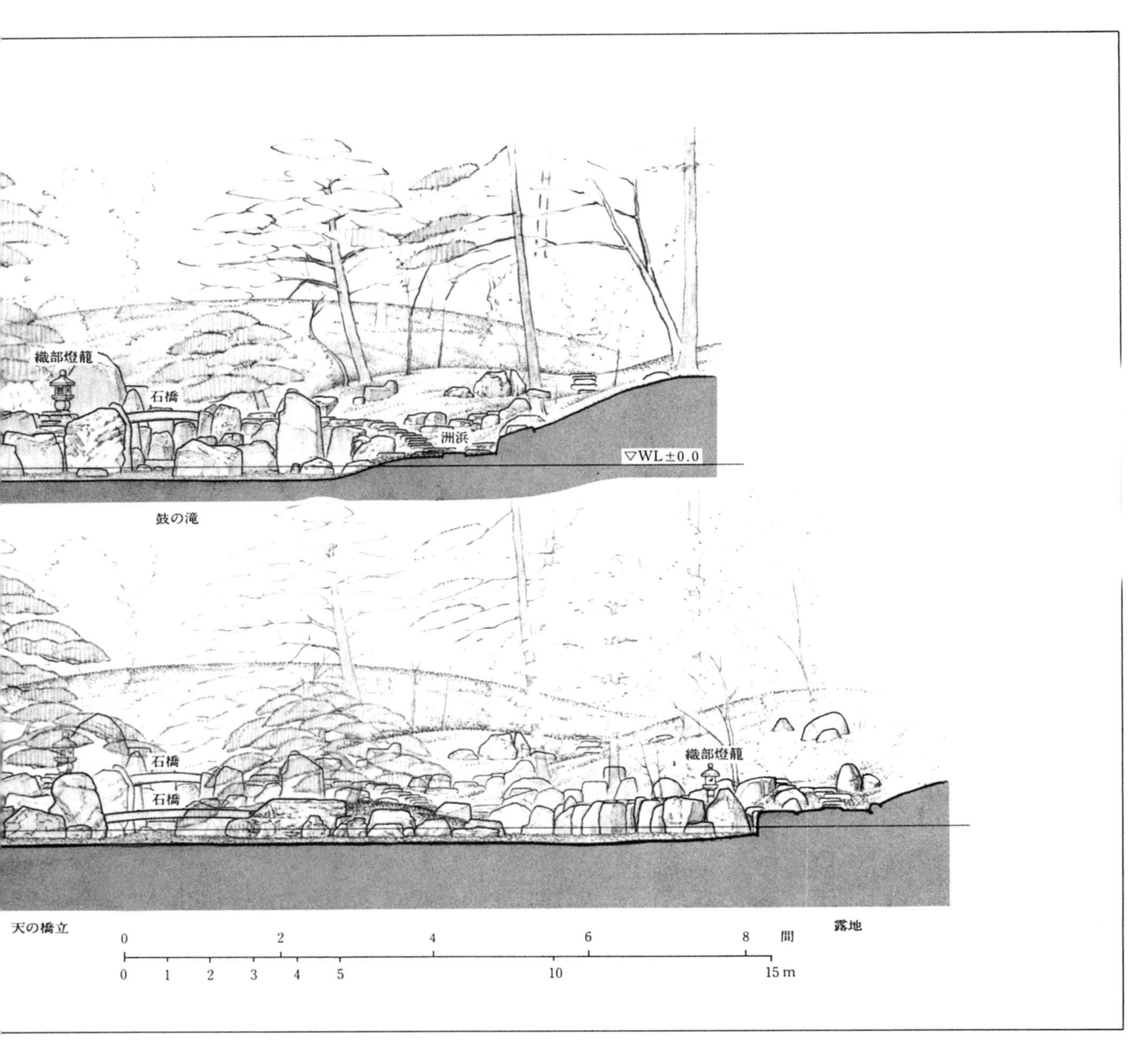

美，有很多陆上环游时意想不到的惊喜。池中小岛幽邃深远，座座小桥相连，还有舟上所看到的风景和石制灯笼的雅趣，山间红叶灵动的优美，从池边隐约望见远处御殿等建筑物，园中的一切都令人百看不厌，流连忘返。

桂离宫在环游式池泉园林中也当属风景最美、完成度最高的园林。以往的园林以方便漫步为目的建造而成，而桂离宫则在此基础之上加入了茶室庭院的元素，因而整个园林内容丰富，环游路线周边景点诸多。这种加入茶室庭院元素的造园方法对后世庭院的修建产生了深远影响，但没有哪座庭院能够超越桂离宫之美。

下面就让我们沿着环游路线感受一下其中的特色吧。

在御幸道的中途，道路向左转弯九十度延伸，一直通往池塘，道路在池塘边便中断了。古时，那里曾修有朱漆栏杆的长桥，过桥便可以到达松琴亭。顺着红叶山修建的这条道路称为红叶马场，是桂离宫北侧的中轴线。

桂离宫环游路线的特色便是道路直线延伸和方向的突然转换。直线的园林道路视野开阔，时刻吸引着游人的注意力。而直角方向的转换又在一瞬间改变游人的视角，景色也在瞬间发生改变。

海边的风景

从红叶马场出来，向左转有一条飞石路一直延伸到松琴亭。

茅草搭建的外休息处还建有茶室专用

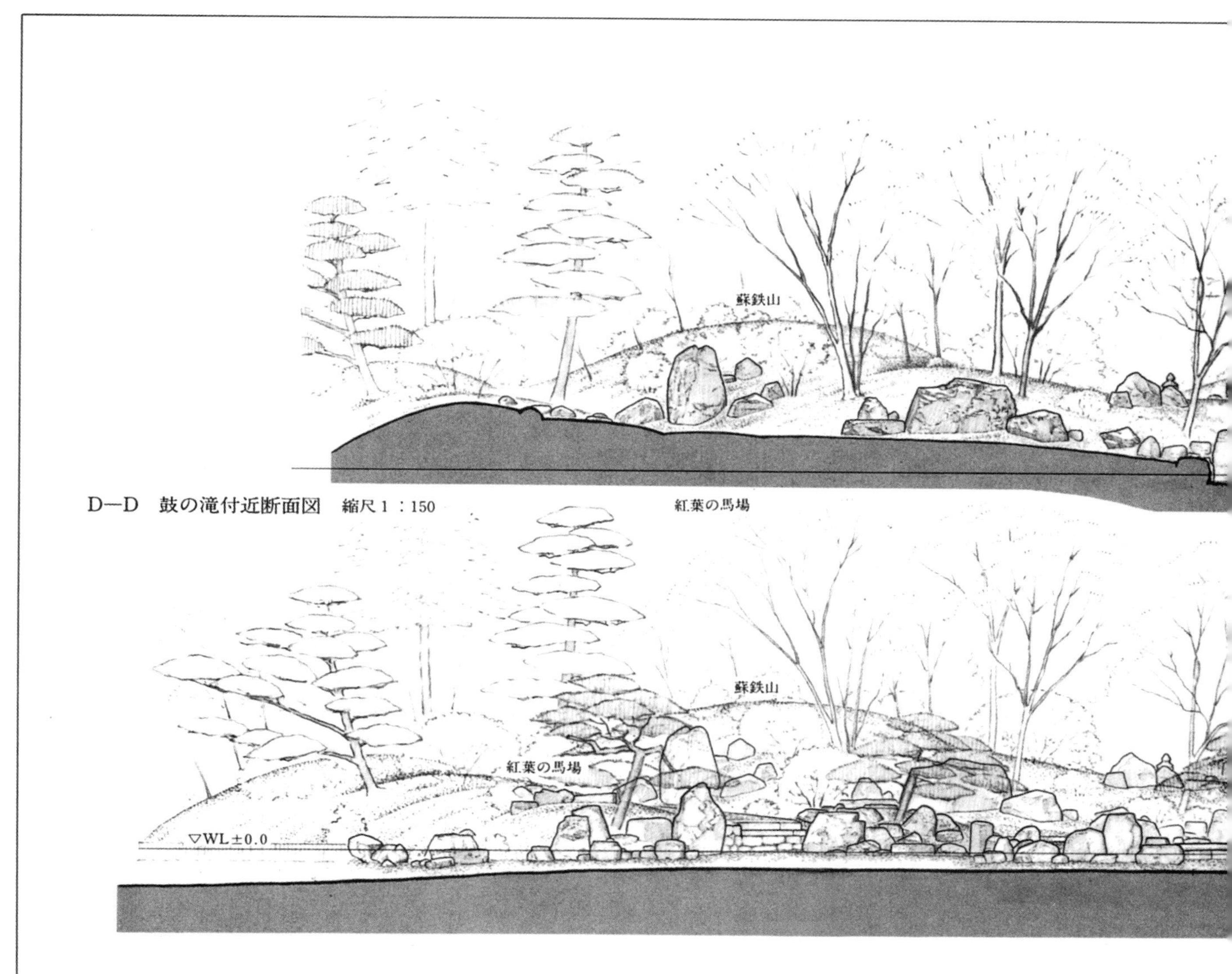

D—D　鼓の滝付近断面図　縮尺1：150

E—E　天の橋立付近断面図　縮尺1：150

的厕所，前面种有铁树，别有一番情调。外休憩处前是一条笔直的石板路，路的北端有洗手池。这个石制洗手池被称作『凉泓』洗手池，是由两个正方形组成的，前面还摆有『く』字形的石头。

石板路的南端摆放着菱形的石灯笼，低矮而可爱。石灯笼前方有一条向左侧延伸的石子路。石灯笼的后面隐约可以看到天桥立和松琴亭。站在石灯笼旁环顾，池塘边稀疏的植物遮挡住了视线，而从池塘边所布置的直角形飞石看去，是织部石灯笼和大堰川。一座石桥修建于此，从桥下不断传来鼓瀑布的水声。各种景致相互配合，仿佛一场精彩的演出。

过了石桥再前行几步便是不同的景致。洲滨向池塘方向延伸的地方用细小的鹅卵石铺就，上面摆放着小的石灯笼。对面便是用小桥连接的天桥立和透过松树枝头看到的松琴亭。在桂离宫中，这里的风景是最美最令人难忘的。这里也运用了桂离宫中常见的造园手法，先是将视野不断缩小，然后又在一瞬间将视野扩大，营造出一种雄伟壮观的景象。

洲滨也铺有飞石，飞石沿着山坡缓缓向上延伸。这条飞石路名叫滨道，顺着滨道来到坡顶，可以看到从山顶到池塘边路两旁摆着的织部灯笼。这样的设计灵活地运用了茶室主人开门迎客的设计理念。翻过山坡，顺着缓缓的飞石路下山，便来到了白川石桥前，这座石桥通往对岸的松琴亭，长约0.3米。

这一带的风景以各种奇石装点，巍峨壮丽。半山腰处摆放着须弥山般高大的石

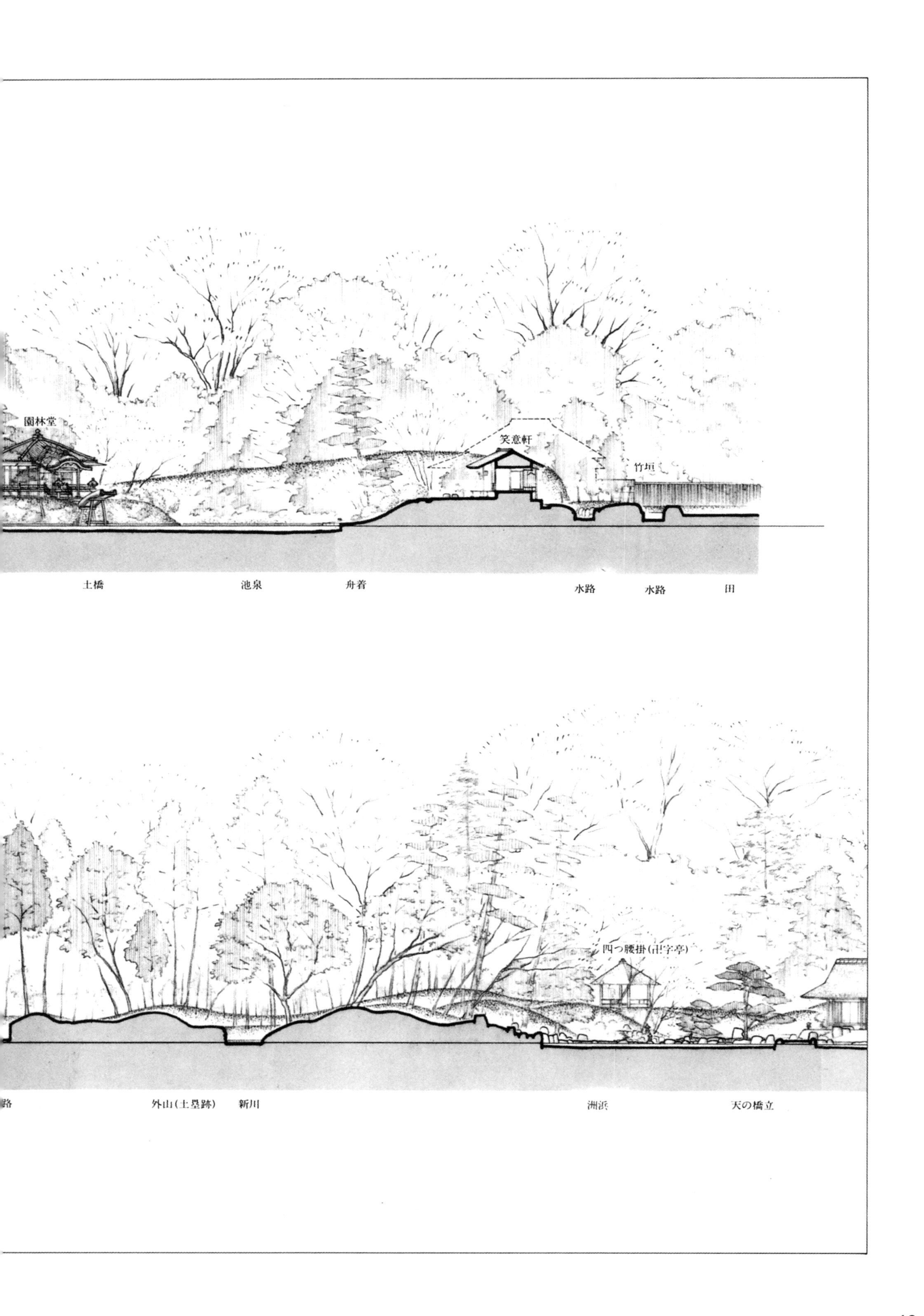

園林堂
笑意軒
竹垣
土橋
池泉
舟着
水路
水路
田
四つ腰掛(卍字亭)
路
外山(土塁跡)
新川
洲浜
天の橋立

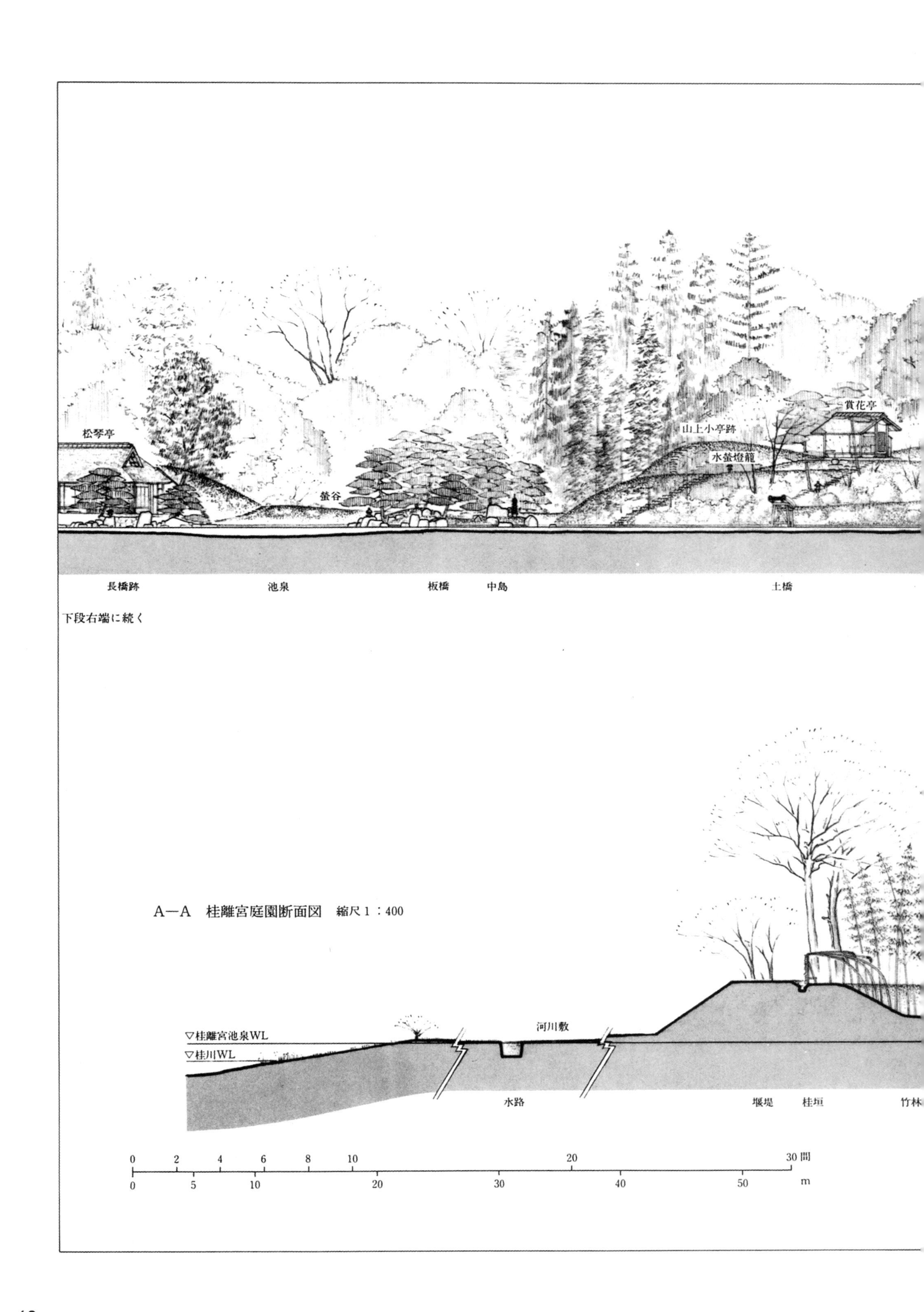

松琴亭
螢谷
山上小亭跡
賞花亭
水蛍燈籠
長橋跡
池泉
板橋
中島
土橋
下段右端に続く
A—A　桂離宮庭園断面図　縮尺1：400
▽桂離宮池泉WL
▽桂川WL
河川敷
水路
堰堤
桂垣
竹林
0 2 4 6 8 10 20 30間
0 5 10 20 30 40 50 m

头，对岸是蓬莱石，还有如同荒凉海滩边上的护堤等，随处可见传统式园林建造手法。在须弥山石后面的山坡上是茶会时供客人休息的卍字亭。

白川石桥制作精美，富于变化。过了白川石桥，来到池塘边，用池中的流水洗手后，便进入了松琴亭中的茶室。

因此，从外休息处到大堰川桥是外露地，从大堰川桥到白川石桥这一带的滨道是中露地，过了白川石桥净手后到茶室门口是内露地，总共分为三段露地。

在松琴亭的正对面，以『天桥立』为中心，景点分布开来，最里面是鼓瀑布，右手边顺着滨道延展开来。京都的天桥立是智仁亲王曾经游览过而又久久不能忘怀之地，也是距离其妻子常照院的故乡非常近的名胜。从滨道至『天桥立』一带的海边风景很容易让人联想到其所模仿的原景——京都的天桥立。

山路的风景

离开松琴亭后，来到景色幽邃的萤谷，之后过了土桥，便来到了大山岛，顺着飞石铺成的山路一路向上爬。山顶上原本有一座山上亭，站在亭中可以远眺四周的景色。从泊舟处到山上亭，一路铺有石阶和石子路，在石阶和石子路的交界处放置有一盏水萤灯笼，石灯笼的放蜡烛处有两个切割出的倒置三角形，造型非常罕见。从御殿朝萤谷方向看，水萤灯笼这一带恰好处于中轴线上。或许是对于萤火虫的偏爱才给予灯笼设计者创作灵感，设计了这样的石灯笼吧。

桂离宫当中以七座织部灯笼为代表，一共建有二十四座石灯笼。梅马场的赏雪石灯笼、笑意轩前的三角灯笼，以及泊舟处的三光灯笼等，都别具特色。

修建于山顶的赏花亭其最主要功能是供客人休息的茶室，正对面便是位于池塘中央的神仙岛。赏花亭不仅可供游览桂离宫的客人休息喝茶，同时也被用来作为松琴亭举行茶会时的等候室。亭前还放置有被称为『冰玉』的铁钵形洗手池。有贵客莅临时亭前还会挂上青白色的布帘。

从赏花亭出来，沿着山路下山，便来到了山脚下的园林堂，园林堂的南边便是池塘。园林堂中供奉有教授智仁亲王古今和歌集的细川幽斋公和桂宫家历代祖先的画像。因此，园林堂周围的飞石都采用正方形切割的石头，排列也很整齐，是典型的真草体排列方式。

园林堂的正面延伸过去便是梅马场，构成了桂离宫南侧的一条轴线。

田园风景

游客大多乘船前往笑意轩。下了船进入笑意轩后，打开屋子后侧的窗户，若在古时，还能看到屋后的西山和下桂村的田园风景。桂离宫设计者的最初设计意图也是要将笑意轩兼做观赏庭院外风景的茶室之用。

从御殿徒步进入笑意轩的话，要先穿过梅马场的飞石路，在休憩处稍事休息之后再从中门进入。茅草厢房前的飞石以及放鞋石板等处的石头都和松琴亭一样采用精选的石头，给人以稳健而又新颖的感觉。笑意轩前摆放的石制洗手池做工也非常精良，上面还刻有『浮月』的字样。

赏月庭

返回御殿，再次回望整个桂离宫。比起舟游和陆上环游时所看到的奇观异景，从御殿眺望的风景显得沉稳平淡一些。从赏月台看到的主要风景为神仙岛和大山岛，都以赏月为主题建造而成。书院周围铺设的飞石等道路美观大方，堪称艺术品。

月波楼也以赏月为主要目的建造而成，从这里眺望桂离宫的池泉庭院可以算得上是最美丽的了。灌木丛的对面便是红叶山、松琴亭、天桥立、卍字亭等建筑。

月波楼的庭前还有镰刀形的石制洗手池。桂离宫共有七个这样的洗手池，每一个都别具特色。

桂离宫的美在于其基本的结构框架和每一个细节的设计，而这一切皆来源于设计者敏锐的美感。

（园林家）

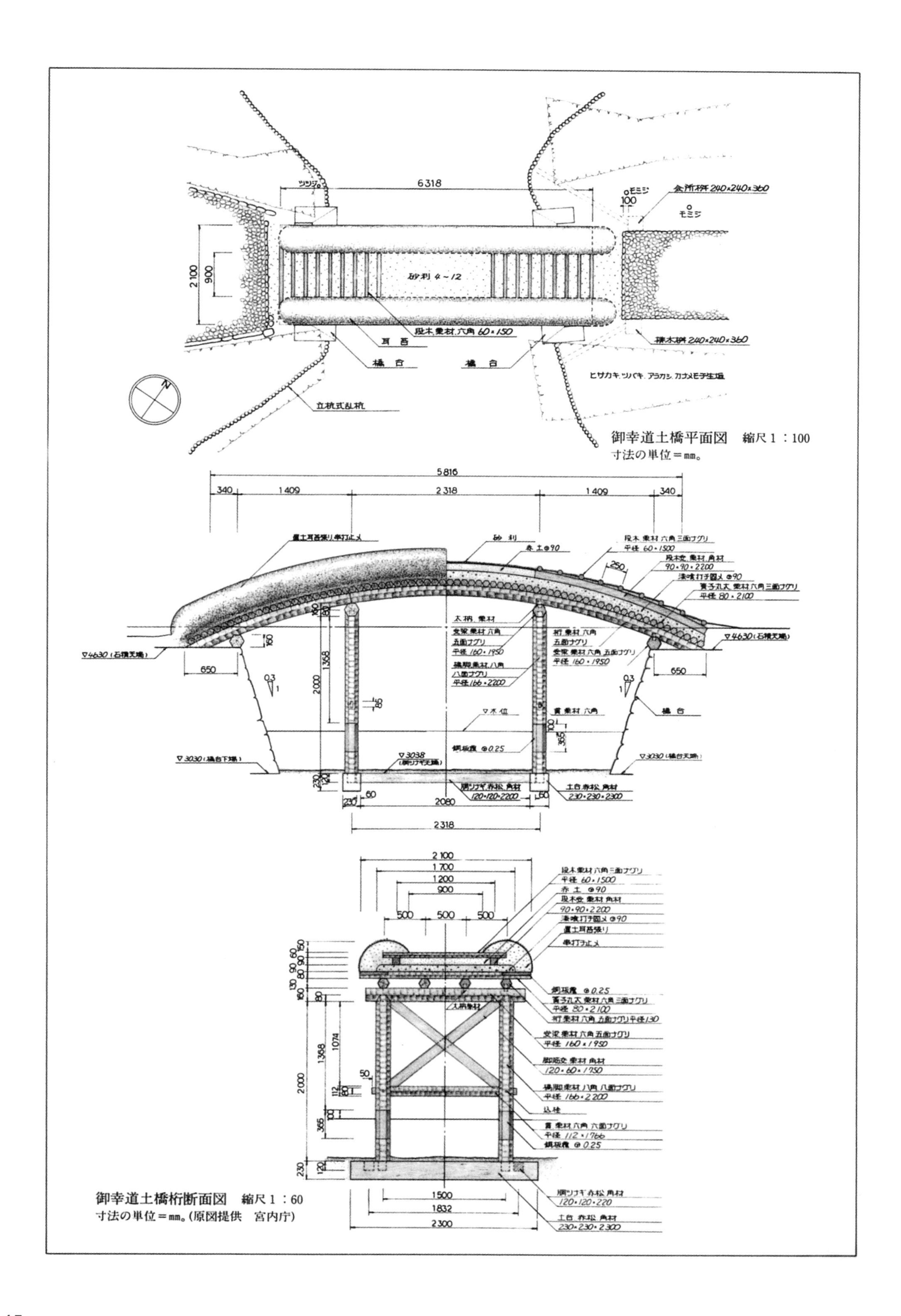
御幸道土橋平面図　縮尺1：100
寸法の単位＝mm。
御幸道土橋桁断面図　縮尺1：60
寸法の単位＝mm。(原図提供　宮内庁)

三溪园

明治雅士的风流

从外苑入口处进来后，一边仰望三溪园标志性建筑——旧灯明寺三重塔，一边漫步向前。大池碧波粼粼，丰富的绿色和报告着春天到来的繁花令人心旷神怡。

外苑漫步

三溪园是财阀兼美术爱好者原富太郎（雅号三溪）在景色秀美的横滨本牧三之谷修建的园林，原富太郎极尽自己所能，从京都、奈良、镰仓等地搜集了寺塔、殿舍、楼阁、茶席、甚至庭石放置于这座巨大的园林之内。从明治三十九年（一九〇六年）起，外苑开始对民众开放。

旧灯明寺三重塔。在大正3年（1914年）将京都府相乐郡的原遗迹移建于此。

以三重塔为背景盛开的梅林。

环绕着大池而建的苑路上盛开的雪柳。

外苑入口处附近的八桥和垂樱。

大池周边的紫藤萝花架。

三溪园的春天。从外苑入口处附近远眺大池和三重塔。

初夏，盛开在八桥周围的菖蒲花。

内苑入口处的睡莲池。

清晨，雨后的莲池。据说三溪非常喜爱池中的莲花，曾创作过许多相关画作。

寒霞桥附近的草丛，修建的样式很独特。

在山路上修建的大明竹隧道。从右边穿过去便到了松风阁。

出世观音坐像前的山道，从松风阁通往三重塔。

林洞庵下，欣赏流水中的石头。

从大池对岸远眺旧灯明寺本堂。它是室町时代初期的建筑，昭和 62 年（1987 年）移建于此。

从中岛欣赏雨中的大池和三溪纪念馆。这座纪念馆于平成元年（1989年）4月开馆，主要目的是为了介绍原三溪的思想和成就。

茶室横笛庵。与横笛有着深厚渊源的草庵，女主人公横笛与《平家物语》中所记载的龙口入道（斋藤时赖）有着一段凄美的爱情故事。

雁阵形排列的书院建筑物在内苑池中的倒影。大正六年（一九一七年）由原三溪移建至此并命名的临春阁，原本是纪州德川家的别墅，名为岩出御殿。

临春阁

拥有很高艺术才能和非凡设计能力的三溪使得这座茶室大名建筑和整座园林很好地融合在了一起。

即便对一草一木三溪也毫不马虎，从室内看到的园林风景，尤其是从第三屋看到的风景犹如一幅壮丽的大和绘。

从内苑的御门到临春阁的道路。正面是临春阁，右边是白云邸。

白云邸奥书院。白云邸建于大正9年（1920年），三溪在这里度过了晚年。

池庭和临春阁。从右侧起为第二屋、第三屋。左侧，从树林中能隐约看到听秋阁。

从临春阁第二屋·浪华间看到的风景。桥亭榭是三溪亲自设计的，设计灵感来源于京都高台寺的月见台。

第二屋·住之江间。据说卷轴画为狩野山乐所绘。壁橱的地柜上装饰有螺钿。

 第三屋，从天乐间欣赏下一间。楣窗的创意很独特，在朱红的栏杆上挂有真的笙和笛，在别的地方没有这种装饰。

从第三屋・村雨间看到的风景，红叶全景从三面铺呈开来。

第一层，相传栏间的浪花装饰为桃田柳荣所做。上面贴有银箔，现在有些发黑。

第二层·住之江间。受池水反射的影响，高栏的影子隐约浮现。

从第二屋·住之江间眺望园林。简朴大方的栏杆让游人感受到了设计者的匠心独运。

从架在溪流上的桥亭榭欣赏临春阁。正面为第二屋、右边是第一屋、左边是第三屋。

临春阁前的池庭。洲滨河石组，最里面为第三屋。

从第二屋欣赏池庭的洲滨。

三溪所收藏的诸多石头制品已成为了三溪园的著名配角。

名石集萃

临春阁走廊前摆放着的丰臣秀吉所爱用的葫芦手水钵，与千利休有着深厚渊源的『替身灯笼』等，这些石头制品的年代从古坟时代到江户时代不等，而且由来也都各不相同。一些石头制品光明正大地摆放在那里，一些则像将自己藏起来似的，静静地安放在那里，散落在外苑、内苑各处。

临春阁第二屋后的圆柱形手水钵。据说是用丰臣秀吉所修的五条大桥的桥墩制成的。

临春阁第三屋走廊前的葫芦手水钵。据说秀吉很喜欢。

茶室金毛窟院子前的球形手水钵。

听秋阁旁的六角灯笼。

临春阁第二屋后院摆放着的。俗称“利休替身灯笼”的石灯笼。

寒霞桥旁的灯笼形六面石幢。

天授院后山的包箧印塔。

旧天瑞寺寿塔覆堂后的八角灯笼。俗称“秋筱石灯笼”。

旧天瑞寺寿塔覆堂旁的九层石塔。

月华殿前的六地藏浮雕灯笼。

临春阁第二屋后的脱鞋石。

月华殿走廊前的枣形手水钵。

途经临春阁，登上茂密树林中的小坡，透过树与树的缝隙可以看到一座二层高的别致楼阁，这便是听秋阁。

听秋阁和茶亭

沿着山坡继续向上爬，便会看到另几座建筑，金毛窟、春草庐、莲华院……，这些建筑物与周围景致巧妙地融合在一起，仿佛一开始就在那里一样。

远处传来的瀑布声是那样的动听，一瞬间让人忘记了这一切竟然是人工之景。

听秋阁前的小溪。听秋阁是德川三代将军家光去往京都时建造的，随后又赐给了他的乳母春日局。

听秋阁正面。该建筑为二层阁楼，可以看出茶室建筑对其的影响。

从听秋阁上间回望山路。将入口处做成土地，并低一段，将木板铺成花砖样式。

从听秋阁二层眺望远处，远方是三重塔。

从听秋阁次间欣赏上间。

隐藏在山林风景中别致的听秋阁。左右不对称的设计使得整座建筑显得灵巧新颖。

隐藏在树林中的月华殿。最初该建筑位于京都伏见城中，是诸大名请安时的等候室。

茶室莲华院。有两张榻榻米大小的中板茶席，还有六张榻榻米大小的客厅，土间中央的圆柱所用木材为平等院凤凰堂的古木材。

左侧为月华殿和枣形手水钵。右侧为茶室金毛窟。

茶室春草庐。之前被称作九窗亭，是月华殿的附属建筑物。

远眺大池和三重塔。

近代风雅之士的园林　中村昌生

稀世杰作园林　白崎秀雄

庭园解说　三溪园　斋藤忠一

三溪园园林　实际测量图　野村勘治

近代风雅之士的园林

中村 昌生
京都工艺纤维大学教授

原三溪的美术收藏品种类繁多，特别是在书画方面，藏有许多稀世珍宝，其中著名的『孔雀明王像』被认定为国宝。此外，原三溪的的收藏还扩展到了古建筑领域。三溪四处收购面临失散、破败危险的著名建筑物，为古建筑保存耗费了大量心血。三溪还在横滨市东南角本牧海岸旁，面积约为五万八千坪的土地上，为这些古建筑修建了一座大的园林。这座园林横跨三条溪谷，依自然地势的起伏而建，于明治三十九年（一九〇六年）五月一日开园。从园林主人将自己的号改为『三溪』也可看出他对这座园林倾尽了毕生的心血。

这座园林中有数座从古都移建而来的古建筑。这些建筑物种类繁多，有佛塔、佛殿、庙屋、廊桥、楼阁、殿舍、茶室等，并且园林主人对这些建筑物布局进行了巧妙的安排，古建筑倒映在园中池塘，美轮美奂。

从正门进入首先来到了外苑。苑路的右侧是莲池，左侧是有着中岛的巨大池塘，前方则可望见建于室町时代的旧灯明寺三重塔。建在山上的这座三重塔给园林增添了别样的风韵。三重塔南边是同样建于室町时代的旧东庆寺佛殿，附近则是白川乡的旧矢箆原家住宅。进入内苑御门，右手边便是白云邸。这是三溪于大正九年（一九二〇年）为自己修建的朴素大方的别墅，他与夫人居住在这里直到逝世。沿着石板路一路向前便来到了临春阁的玄关处。据推测这座建筑为纪州德川家别墅——岩出御殿的留存框架，是具有代表性的著名江户时代初期茶屋风书院的名作。池塘边呈雁阵形排列的一屋、二屋、三屋，造型十分优美。对岸大德寺内天瑞寺中有秀吉为庆祝母亲长寿而建的寿塔覆屋。寿塔覆屋西侧架有廊桥，园内建筑物和池塘交相呼应，呈现出一种绝妙的立体感。水流在这里聚集流向峡谷，流向更远的地方。相传为佐久间将监所建的独特二层楼阁——听秋阁在不远处耸立，追溯至北侧的溪流处便是伏见城中大名觐见等待的屋子——月华殿了。这一带风景可谓幽邃宁静。

这样大大小小、样式各异的建筑物建于恰当的环境之中，建筑物与周围风景融为一体，这便是这座巨大园林的布局特点。此外，园中建筑物被指定为重要文化财产的多达十栋。可以说三溪园为古建筑的一大聚集部落。如此大规模的文化财产建造物聚集于一座园林中可谓独树一帜。

三溪园还是风雅之士三溪的茶苑。三溪将月华殿的附属建筑——茶室春草庐移建于听秋阁的南侧，又根据自身喜好修建了莲华院和金毛窟，在那里招待文人雅士，举办茶会。谷川徹三博士在《茶的美学》一书中讲述了昭和十二年（一九三八年）八月十九日清晨茶会的情形。

因近日莲花开放，甚是美丽，我被邀请至三溪园赏花，前一天晚上我与和哲郎二人应主人西乡的邀请住在三溪园内，第二天早晨四点起床，与西乡夫人、健一郎、和辻于五点前往园内莲池处，而三溪先生则早已在那里等候多时。

那天的茶会兼有追忆三溪先生的儿子息善之意，在月华殿中享用斋饭，漆器碗中先铺着一层莲叶，上面放了十几瓣红花瓣，米饭则放置其中。

这个莲池位于外苑苑路的北侧，每年都会有红莲花盛开。今年春天建成的三溪纪念馆便位于离莲池不远的内苑一角。

稀世杰作园林

杰出的设计和建造力

白崎　秀雄

原三溪筆「白蓮」　原三溪自画像

塔。

每个日本人都对寺院的多层塔非常熟悉，而其中最为简朴的一座三重塔便耸立在前方二百五十米、仰角十米处，巍然不动。

游人一踏入三溪园首先映入眼帘的便是不远处小山上的旧灯明寺三重塔。它是那样的柔和，仿佛如同梦境中一样美丽。

佐佐木信纲

淡紫色海洋，山丘之上，

三重塔在夕阳中若隐若现。

诗人或许是从三溪园入口的相反方向靠近大海的一侧歌咏三重塔的，但可以肯定的是诗歌中充满了诗人对于三重塔的赞美之情。

三重塔是三溪园的象征，这一事实被无数人传颂，又被许多人书写。因此我将为塔写几句。寺院的塔最初作为释尊的坟墓诞生于公元前一、二世纪，后经中国、朝鲜于七世纪传入日本。塔的材质分为金属、石材、泥土等多种，但日本的多重塔（七重、五重、三重塔）则以木质为最常见。以法隆寺、东大寺、药师寺为代表，奈良、平安、镰仓年代的国宝、重要文化遗产中多层塔较为常见。

白雲邸

这些佛塔造型庄严肃美。三溪园中的旧灯明寺三重塔建于室町时代中期，是关东地区最古的佛塔，非常珍贵，也是重要文化遗产。

三重塔全部采用和式装饰图案，各层屋檐翘角恰到好处，沉稳大方，佛坛等处尤其别致。塔身的高度从基坛到第三层约二十四米，此外，三层之上还有高约七八米的青铜材质塔顶相轮。

很不好意思，在此要从拙作《三溪原富太郎》一书中引用如下一段文字。

包括我在内的许多人之所以不会对三溪园的三重塔产生厌烦，原因不光在于塔自身优美的造型，更重要的是它所修建的位置恰到好处，与周围环境十分和谐。

从入口处进入，行走数步，呈现在眼前的三重塔使得周围的建筑顿时失去了光彩，三重塔夺目而立。或许对于自然最好的改造便是使游览者完全感觉不到人工的痕迹，整个园林浑然一体。

园林建造家寺田小太郎曾说道，『塔所处的位置很好地利用了塔本身所具有的向上的特征，将其放置于全园最高的显眼之处。』

青年时期经常出入三溪园的矢代幸雄曾在著作《艺术的赞助者》中写道：『直至今日每当我回想起三谷时，首先浮现在眼前的便是三重塔。』

现在书写这篇文章时，我突然有了一个新的发现。

三重塔所处的高约三十米的小丘或是台地和塔并非毫无联系的两样事物，小丘本身已成为了三重塔的塔基。在原本凹凸不平的丘陵台地上，造园主原三溪将土丘加高，或是配合三重塔的高度将土丘高处的部分削掉，甚至改变了丘陵的形状。

除此之外，三溪先生还在园林入口处种植了树林，使得繁茂的树叶遮挡住了这里的风景。

这样一想，更觉得三重塔与入口处右手边的莲池、左手边的大池塘之间绝妙的平衡感是如此的恰到好处。不光是莲池和大池塘，园林右侧深处的白云邸到临春阁一带与起到背景作用的台地、树林之间的巧妙搭配，乃至三溪园整座园林的

旧燈明寺本堂

构造，无不出自造园主杰出的设计能力与建筑才能。对此我现在更加表示钦佩。关于三重塔我想再做以下补充说明。

三重塔原本建于京都府相乐郡加茂村的灯明寺，修建时间大约在康正三年（一四五七年）。

塔当时可能已处于破败不堪的状态。然后工人小心翼翼地对其进行分解、包装，然后搬运至此。三重塔于大正三年（一九一四年）在现址移建竣工。

从三重塔所在的山丘向左转，过了池塘上的小桥，一座单层平瓦古建筑出现在眼前，正面总共五间，中间的三间中放有佛龛，这便是重要文化遗产旧灯明寺正殿。

昭和六十二年（一九八七年）人们将位于灯明寺内的正殿移建于此。虽然三溪没有参与正殿的建造，但这却是人们遵照其遗愿而建的。

近代的三茶人

修建三溪园的人为三溪原富太郎（1868～1939年）。

三溪在明治大正时期的日本支柱性产业——生丝输出业具有举足轻重的地位，此外，他还是一级零售商和制丝厂主。建造近代横滨市的也是三溪。甚至有人称现在的横滨市都是根据三溪当年的设计规划建造的。三溪一直以来都为横滨的发展着想，关东大地震发生时，横滨面临存亡危机，三溪为了重建横滨，毅然捐出自己的私有财产支援重建。

三溪与三井财阀的总帅钝翁益田孝（1848～1938年）关系甚密，互相欣赏。

『（三溪先生）在美术方面很有造诣，但他在实业方面的成就要比美术方面更大。他的光辉业绩永远都书写不完。』

益田在他的遗著《自叙益田孝翁传》中曾这样写道。在这本书中益田还提及

林洞庵

了井上馨、山县有朋等数百人，但在这之中他发自内心表达崇敬之意的，除了原三溪之外没有第二人。但三溪实际上比益田要小二十岁。

三溪同益田一样是古代美术作品的大收藏家，此外，还是冈仓天心所率领的日本美术院少年画家（下村观山、横山大观、速水御舟、小茂田青树、前田青屯、小林古径、安田勒彦等）的大赞助商。据说，这些画家在当时平均生活水平在一月六七日元的时代，每个月从三溪那里会得到一百日元的资助。三溪还是一位杰出的风流茶人。我将钝翁、三溪、耳庵松永安左门（1875～1971年）称为近代的三大茶人。

耳庵被钝翁引入茶道界，对钝翁也很尊敬，但他对三溪却极为崇拜，曾说『先生是德川、明治两个时代无人能比及的大茶人』，耳庵一生都尊称三溪为『老师』。三溪出生在现在的岐阜县羽岛郡柳津町大字佐波，祖上从天文年间开始便是当地的地主和村长，他的父亲久卫是青木家的第十三代子孙，母亲名叫『琴』，三溪是家中的长子。

三溪在明治十八年（一八八五年）进入东京专门学校（早稻田大学的前身）学习，也曾四处游荡。在频繁出入后见花蹊家的过程中，渐渐与就读于后见女子学校的学生原易相识，并在花蹊的撮合下于明治二十四年成为原家的入赘女婿。

原家的主人善三郎在安政年间从埼玉县儿玉郡渡濑村来到了开港不久的横滨，成为了生丝商人，是被称为『能左右横滨』的一大富豪，此外，还是贵族院议员。善三郎的女儿、女婿英年早逝，唯一的亲人只剩下了孙女原易一人。因此，由富太郎继承了家业。富太郎在明治三十二年善三郎死后，成功转型为商人，将旧式商铺的经营方式转变为近代公司组织，极大地拓展了原有业务。

同时，富太郎的兴趣也极为广泛。富太郎母亲家的祖父高桥杏村是一名南画家，父亲久卫则喜爱收集古董和摆弄园艺，这或许也就是富太郎兴趣广泛的一个原因吧。

旧東慶寺仏殿

善三郎的大本营位于弁天路三丁目，此外，他在野毛山也修建有别墅，还在横滨本牧三之谷购置了六万多坪的土地用于修建别墅，首相伊藤博文将其命名为松风阁。富太郎从很早开始便决定在三之谷度过余生，有资料显示他在明治三十年时已将自己的号改为三溪，即三之谷之意。

极乐净土的实现

西有桂离宫，
东有三溪园。
民间曾流传着这样的说法。自从昭和八年（一九三三年）德国建筑家布鲁诺称赞桂离宫为日本建筑的精粹以来，声誉日渐高涨。但三溪园却没有同样的命运。京都以东的日本国土上没有哪座园林能与三溪园相媲美，这已成为了普遍共识。
从JR线横滨站或樱木町站下车后有直通三溪园的公交车，如果在山手站下车的话，沿着本牧路向南走约三千米，左手边会出现一条名为樱道的T字形道路。路如其名，这条道路两旁种满了樱花树，沿着这条路向前走五六百米会出现一个木门。
这便是三溪园的入口。
进入园中，前行数步，呈现在眼前的便是前文中所提到的三重塔。
从旧灯明寺本堂出来，在池塘对面的山谷中建有著名的断缘寺——东庆寺的正殿、建礼门院的侍女横笛因受齐藤时赖的宠幸，随后追随齐藤，后成为尼姑时所住的横笛庵等建筑。
从入口处走到这一带，我总会有这样的感受。即便是游客非常多的周末，园内依然非常安静。每个人都脚步轻轻地，边走边欣赏着沿途的美景。没有一个高声喧哗的人，也没有吵闹奔跑的小孩。

臨春閣外観

上文中只讲述了三重塔。三溪园中的外苑与原家的私家园林——内苑不同，从建设初期便对外开放。应该说，原修建三溪园原本就是为了方便市民休闲娱乐的。

三溪在《横滨贸易新报》上这样说到，『三溪园的土地虽然属于我个人，但明媚的自然风光则属于造物者所有。因此，不能据为己有。可以说将公园开放是我理所当然应尽的义务。』

三溪园建园的独特之处正在于此。报纸上曾这样写道，『一年四季，无论什么时候这里都是进出自由的另一番新天地』。

进入三溪园，一边欣赏出现在左手边的三重塔，一边沿着大池行走，走到右手边莲池和睡莲池的尽头，有一条折向右边的道路。穿过旧时大名房屋式的『御门』，便是白壁的围墙，上有耳庵松永安左门所书的『白云邸』的匾额，再往前走是三栋相连的建筑。这便是占地一百五十二坪的临春阁。

重点保护文物古迹——旧天瑞寺寿塔覆堂、春草庐、听秋阁等建筑物在最里处鳞次栉比，这便是内苑。这些建筑物原本非常精美，但之前却破败不堪，人们收集了这些古建筑材料，将它们运到这里，又进行加工修复，根据这里的地形重新修建，恢复原貌。

内苑最主要的建筑物是临春阁。

临春阁的前身是江户初期，建于现在和歌山市东部的河岸边的纪州德川家别墅，当时被称为岩出御殿。三溪将移建于大阪的岩出御殿收购之后搬运至此。此地北靠大山，右临东京湾，左辖大池，三溪将这片地方修整之后又在南侧水田地方深挖做出一个池塘，将临春阁修建在水塘前。

建筑史家认为园林建造者将临春阁建在了最好的位置，但我却认为，和三重塔的情况相同，三溪亲手建造了这些最好的环境。

桂离宫中古书院、中书院等一系列书院呈雁阵形排列，成为整个园林的中心，又在园中各处修建了月波楼、松琴亭等其他建筑，以保持池塘和中岛的平衡。建

旧天瑞寺寿塔覆堂

筑物和园林处于同等重要的地位。换言之，三溪园的内苑，特别是临春阁，与桂离宫有很多相似之处。据建筑史学家考证，临春阁在原有建筑——岩出御殿的基础上进行了很大的改造。这一切都源自园林主人三溪的设计，他并不满足于只保留原有建筑。

临春阁三间屋子当中都有卷画，每间屋子都根据卷画的内容命名。第二间屋子的外走廊紧邻河边，可以在那里垂钓，为钓殿。

建筑史学家早川正夫曾说过，三溪为了给自己营造一个舒适的生活环境，在建造临春阁时耗费了大量心血。坐在第三间屋子村雨间中向窗外望去，正面是三重塔，从右手边可以看到旧天瑞寺寿塔覆堂。这样的风景与其说适合宴席和休憩倒不如说更适合思考。

『通俗一点说来，他在这里想表现一种极乐净土的世界。』

可谓茶境

三溪没有将任何电源引入临春阁。矢代幸雄曾记录下了三溪的长子兼芥川龙之介的友人善一郎和男爵园琢磨的四女『如花般美丽』的寿枝子在临春阁举办婚礼时的情景。那是在临春阁竣工的大正六年（一九一七年）十一月的时候。

整个婚礼都是在烛光照耀下举行的。引导客人、上菜的侍女全都梳着日本式发髻，手中提着纸灯笼穿梭于临春阁中。婚宴在第二屋的住之江间举行。那时当红的净琉璃清元派名家延寿太夫还在婚宴上表演了一曲《青海波》。

矢代用满怀追忆之情的笔触记录下了，在若有若无的纸灯笼散发出的微弱光线以及延寿太夫美妙的歌声交错而成的婚礼现场，新婚夫妇犹如梦幻中的人偶一样，美丽动人。

三溪园内苑中仅重要文化遗产便有六处。如果将所有建筑都叙述一遍的话，

聴秋閣正面

无论如何也书写不尽。

从旧天瑞寺寿塔覆堂一带，一直走到更深处的树林中，会出现一条溪流，小山坡的山腰处便是听秋阁。

听秋阁为二层楼阁建筑，室内为书院风格，秋天打开窗户，可以看到山谷间的红叶，在窗前窃窃私语。

在金阁寺、银阁寺、西本愿寺内的飞云阁等楼阁式著名建筑物中，听秋阁的设计风格也很大方洒脱，力拔头筹。

布置为茶席的一层房间的茅草屋顶与栏杆极为对称，在视觉上给人一种绝妙的平衡感，轻巧、别致。

听秋阁原本是为了元和九年（一六二三年）德川家光来京都所建，之后德川赐予了春日局。明治维新之后三溪购买了移建至牛入二条邸的听秋阁。

听秋阁原本既不是茶席，也不是住宅。甚至它打破了传统建筑中的对称性，极力表现一种奇异独特，虽然在建筑中三溪很赞赏茶趣味，但整个建筑并没有一点简陋草庵的寒酸气。可以说听秋阁极尽建筑奢华，并不追求建筑本身的实用性，而是将建筑方面的雅致表现到了极致。

三溪首次在三溪园内的莲华院举办茶会是在其五十六岁，大正六年时，而这也是在益田钝翁和高桥帚庵的建议下举办的。在小间当中，放置着一尊曾遭遇火灾的具有古寺风情的藤原期木雕不动明王雕塑。

壁龛内挂有足利义诠的达摩像。通知在走廊处等候的客人时所用的不是钟，而是寺院中召集僧人用的磬。

在钝翁的御殿山本邸举办的大师会开始于明治二十八年（一八九五年），从明治三十九年起三溪便经常参加该茶会，并负责主持茶席。

大正十二年（一九二三年）四月二十一、二十二日两天的大师会都在三溪园举行。高桥帚庵在《大正茶道记》中称赞那时的大师会会场简直无与伦比，特别

天授院

月華殿から金毛窟を見る

将那次茶会命名为『三溪大师会』，并做了以下详细叙述。

『两天的来客共计六百余名，临春阁为主会场，一共有十七个茶席，都由各地有名的风雅人士担当，可与天正的北野大茶汤相媲美』。大师会从形式上来说是钝翁为了交际往来而创立的热闹非凡的大型茶会。

三溪根据自己的喜好在三溪园中举办的茶会则以广阔的三溪园为背景，追求寂静。耳庵松永安左工门曾对『三溪先生』的茶会做过以下记载。

昭和十一年（一九三六年）五月末，耳庵陪同杰出的园林师兼茶人丸冈耕圃前往三溪园参观。丸冈想参考三溪园的设计，建造自己的柳濑山庄。三溪一边带两位客人游览三溪园，一边就建造林园与客人热情交谈，当走到山吹茶屋时便坐了下来，说道：

『咱们在这里品一壶茶吧。』

这才发现，不知何时三溪已命人在园林的一隅准备了烧开的水。用黄濑户制的小证做茶碗，先献上了浓茶。

正当松永准备拿起茶碗喝时，不知从哪里传来咚的一声钟声。此时，篱笆内的棣棠花也簌簌落落得落了下来。

『真可谓诗境，仙境，茶境。』

松永这样写道，『钟声或许是提前预备好的自然而然的一种信号。虽然是人工事先安排的，但松永并没有感到丝毫的不自然。』

耳庵这样评价到：

『三溪先生的茶事是一种创造，绝非模仿。』

一草一木，亲力亲为

通常茶会对场地有一定要求，一般用客厅或书院充当茶会场地，在场地外还

旧矢箆原家住宅

有外围的露地，这样才能成为一个完整的茶苑。若从物理的角度来说，茶苑大则二百坪，小的数十坪也足以。

三溪在拥有池塘、流水、内苑、外苑占地面积五万多坪的土地上修筑了以临春阁为代表的十几栋古建筑，将这些古建筑作为茶会场地、客厅、书院等。

三溪不只是在物理层面将茶苑面积扩大，而且他从根本上改变了茶苑的概念。在三溪看来，茶道中各种仪式都不是主要问题。

当然，三溪并非否定茶道本身，对茶道进行随意改变。益田钝翁曾这样评价过三溪，『即便在初风炉时三溪都想极力营造"名残"时的效果。』

初风炉是指，五月，从炉换成初风炉；名残是指，十一月，从风炉换成炉这一系列季节性的茶会。三溪所主办的茶会总想表现一种晚秋时节的寂寥景象。原之所以最为喜爱在四周落满银杏叶的莲华院举办茶会，大概也是出于同样的原因吧。

三溪已远远超越了世上所称为茶人的水平，他已逐步接近了茶道的精髓。这便也解释了松永耳庵为何终其一生都将三溪的茶会放在比钝翁更高的地位这一问题。

在前文中我曾说过，三溪园最独具特色之处在于，园林主人是为了向一般市民开放而修建的这所园林。

三溪园另一大特色则是，它是园林主人三溪四处收集古建筑、石块，从古建筑的拆解、运输，到怎样摆放都亲自设计、指挥建造而成的园林。在日本的著名园林中，有不少是依据园林主人的设计建造而成的，但像三溪园这样园林中的每一个细节，甚至石组的摆放都是园林主人精心设计的情况，在我孤陋寡闻的眼界范围之内还未曾听说过。

换言之，通常情况下，园林主人会将自己的想法传达给园林设计师或是园林建造家，然后委托他们进行修建。而对于三溪园来说，具体的建造过程当然是聘请

和暦	西暦	三溪園庭園関連年表
慶応 四	一八六八	八月、青木富太郎(後の三溪原富太郎)、美濃国厚見郡下佐波村(現在の岐阜県羽島郡柳津町)に生まれる。
明治二〇	八七	この頃、原善三郎、現在の三溪園の南端、東京湾を望む崖上に山荘を建てる。伊藤博文が「松風閣」と命名。
二五	九二	一月、富太郎、原家と婿養子縁組をし、原富太郎となる。
二六	九三	富太郎、この頃から、古美術の蒐集をはじめる。
三〇	九七	この頃、富太郎がすでに「三溪」と号していたとの資料がある。
三二	九九	二月、富太郎、善三郎の死去により原家の家業を継ぐ。この頃から、岡倉天心らとの交際がはじまる。
三五	一九〇二	富太郎、三溪園内に原家本宅を築造し移り住む。旧天瑞寺寿塔覆堂を移築する。
三九	〇六	五月、富太郎、自らの雅号をつけた三溪園を創設、市民に開放する(現在の外苑)。横笛庵を築造する。
四〇	〇七	旧東慶寺仏殿を移築する。
四一	〇八	二月、富太郎、梅林の移植を祝う宴を知人、友人を招き催す。
四四	一一	富太郎、この頃から、岡倉天心の要請で日本美術院の画家を後援。横山大観らがたびたび三溪園を訪れる。
大正 三	一四	三月、旧燈明寺三重塔を移築する。鎌倉から天授院を移築する。
六	一七	臨春閣を移築する。蓮華院を築造する。十一月、富太郎、初茶会を蓮華院で行う。
七	一八	月華殿を移築する。金毛窟を築造する。
九	二〇	富太郎、白雲邸を築造、ここを晩年の住まいとする。春草廬を移築する。
一一	二二	聴秋閣を移築する。
一二	二三	四月、「大師会」茶会が三溪園で行われる。九月、関東大震災で園内に被害をうける。富太郎、震災後の横浜の復興に尽力する。
昭和 五	三〇	六月、富太郎、「三溪画集」第一輯を自費出版する(昭和十二年に第二輯、第三輯を出版、富太郎没後、昭和十五年、第四輯を出版)。
一四	三九	八月、富太郎没。(七十歳)
二〇	四五	横浜大空襲により園内は多大な被害をうける。
二八	五三	八月、財団法人三溪園保勝会設立。原家から庭園の大部分を譲り受け、庭園および建造物の復旧工事に着手する。
二九	五四	三月、外苑が第二次大戦後はじめて正式に開園する。
三三	五八	五月、全体の復旧工事が一応完成。七月、内苑がはじめて一般に公開される。
三四	五九	花菖蒲が明治神宮から移植される。
三五	六〇	十一月、旧矢箆原家住宅が移築される。
三九	六四	松風閣(二代目)を築造する。
五七	八二	聴秋閣前流れ上流の山中に遊歩道を復元し公開する。
六二	八七	三月、旧燈明寺本堂を移築する。
平成 元	八九	四月、三溪記念館が開館する。

园林建造者修建的，但却并没有将园林设计这一重要环节委托给园林师或建筑家。

不仅如此。

园内栽种的各种树木也都是三溪各处搜寻，精心挑选，移植而来的。例如，临春阁池塘旁的松树就是三溪花费三年时间找到的。

这样的例子数不胜数。经常游览三溪园的人会有这样的感觉，园内一年四季各种植物、花草生长繁茂，走进园内，心灵也如同被花草抚慰一般，舒心宁静。

例如，一进入外苑，右手边的莲池中种植着十几种莲花，初秋大池岸边红蓼成群盛开，茶店深处梅林在二三月时齐开放，春天溪流边开满了立壶堇、塔花、狐蓟。不久之后紫萼也开始抽出了花穗。

内苑有山百合、野绀菊、地榆、四叶细辛、富贵草等各种各样的蕨类植物，种类繁多，楚楚动人的花草充满了诗情画意，令人赏心悦目。

年少时曾寄居于三溪园，被三溪如同女儿般照顾的歌人——河杉初子（原名 初）曾说过：

『那个院子中小至一草一木都是三溪先生亲自挑选的。』

三溪还在园中修建了瀑布和溪流。为了使得流水注入大池中，三溪在东庆寺佛殿的南端修建了瀑布，使得水流仿照自然界瀑布的样子，如同自然形成的溪谷一样，水流击打着岩石，溅起晶莹的水花，溪流淙淙，轻柔动听。听秋阁前也有一条溪流，上游还有几处瀑布。

聴秋閣と流れの石組

三溪园中虽然在多处引水，但尽量不表现人工之意，因此如同自然天造一般。例如，园林史学家曾说，外苑的大池等形成一处非常素朴、自然的景观，就如同自然形成的池塘一般。不光三溪园中的池塘是如此，园中的古建筑也给人一种仿佛原本就应在那里的感觉，整个园林的布置浑然天成。

明治时代最大的权力者——公爵山县有朋元帅非常喜欢建造园林，修建了椿山庄等几座园林。明治四十年（一九〇七年）山县在小田原建造了古稀庵，它与旁边的益田钝翁别墅共同在山顶铺设了水道引水，然后在园内设计建造瀑布，使水流自然下落，这一点是山县最为得意之处。

四十二岁的三溪在益田的引荐下初次参观古稀庵，当走到瀑布前时，三溪被问到对于这个瀑布的评价时，他这样回答：

『阁下，恕我直言，这个瀑布并没有成为真正的瀑布。』

益田听闻此言，惊慌失色，身体立马颤抖了起来。

山县原本高高的颧骨变得更尖了，立即反问道。

『什么？你说不是真正的瀑布？』

三溪生平为人谦逊，但说到三溪园时他却拥有绝对的自信心，所以话语很坚定地说道，『这条瀑布周围岩石的放置怎样都可以，但最重要的瀑布水流声中并没有生命的活力。这很难用语言来描述，相信您参观了我建造的三溪园瀑布就会明白了。』

正如前文中引用的钝翁对三溪的评价，他具有非凡的绘画才能和设计能力。在拙著《三溪园富太郎》一书中我曾讲述了三溪是一位杰出的艺术家，他最为优秀的艺术作品便是三溪园。

三溪如同一位画家在画布上用笔描绘图画，如陶艺家在辘轳上制作陶器一样，用古建筑物、石头、树木、水等创作了三溪园这一巨大的三次元作品。

（作家）

庭園解説　三溪園

斎藤　忠一

配置図中のアルファベットは、以下の図面の実測位置を示す。

外苑散步

进入正门，前行数步。视野突然开阔了许多，大池和对岸山顶上的旧灯明寺三重塔首先映入眼帘。一瞬间，古都奈良似的风景展现在游人眼前。这便是三溪园的外苑。园内有如下十座重要文化遗产。

内苑——临春阁、旧天瑞寺寿塔覆堂、月华殿、天授院、听秋阁、春草庐。

外苑——旧灯明寺三重塔、旧东庆寺佛殿、旧矢箆原家住宅、旧灯明寺本堂。

穿过正门，出现在左手方的是八桥，初夏时节，一簇簇花菖蒲竞相绽放，非常漂亮。吉原也被微风吹拂着，十分凉爽。

沿着苑路一直向前。首先出现在右手边的是三溪非常喜爱并亲自画成绘画作品的莲池，紧接着是睡莲池。游人可以在紫藤萝棚下品一壶茶，静静欣赏大池周围的景色。停泊在岸边的一艘小船在微波粼粼的水面上轻轻摇摆。对岸右手边，过了朱红色的小桥，中岛上修建的便是涵花亭。从山顶的三重塔俯瞰整个园林，园内的一切元素与周围景色融为一体，平铺眼前，极其秀美。

睡莲池前是建于平成元年、四月开馆的三溪纪念馆，一边欣赏，一边向前走。大江宏设计的这座纪念馆与周围的景观融为一体，令人没有任何抵触。

山谷中的风景

从茶屋前经过，走在三重塔所在山的山脚下。流向大池的溪水旁建有茶室林洞庵。来到这里，虽然同处于外苑，但风景却和大池周围截然不同，仿佛如同散步于山谷中一般。

林洞庵前面是沿着溪流栽种的一片梅林。明治四十年（一九〇七年），三溪派人在这里种植了四百株梅树，春天梅花在远处三重塔的映衬下盛开，十分美丽。

过了寒霞桥，便来到了横笛庵。相传横笛追随平重盛的门人齐藤时赖（龙口入道），在这里成了尼姑，并居住在庵里。以前横笛庵中还放有横笛的雕像，但战后已经丢失了。

山谷的最深处则是旧东庆寺佛殿。这座佛殿原本位于以断缘著称的镰仓东庆寺内，明治四十年三溪将佛殿移建于此。旧东庆寺佛殿很好地保留了中国唐代禅宗佛殿的样式，但具体建造年代已无法考证。

从旧东庆寺佛殿出来，经过昭和三十五年（一九六〇年）移建到园内的合掌造旧式箆原家住宅，沿着溪流再次返回大池处，那里建有旧灯明寺本堂。本堂与前文中所提到的旧灯明寺三重塔一样，之前都位于京都府相乐郡灯明寺，为室町初期的佛堂，从昭和五十七年（一九八二年）开始耗时五年终于移建到了三溪园内。

山路风景

从林洞庵和梅林之间的陡峭山路向上爬，便来到了山顶的佛塔前。这便是刚进入园林时首先映入眼帘的旧灯明寺三重塔。塔身的细节之处还保留着室町时代的特征，据推断该塔为康正三年（一四五七年）所建，在现存的木制多层塔中该塔属于关东地区年代最为久远的。

大正三年（一九一四年）三溪将这座三重塔移建到三溪园中，并将其修建在山顶上作为三溪园的标志性建筑。从此以后三重塔便成为了三溪园的象征，一直深受人们的喜爱。

从三重塔沿着前往松风阁的山路一直走，不远处便是大明竹做成的隧道分叉口。这里便是通往松风阁的路。右边的道路为下坡路，通往山下；左边的路则通往松风阁。

伊藤博文命名的松风阁在关东大地震中倒塌，现在已不复存在，现建于崖上的松风阁为第二代松风阁，建于昭和三十九年（一九六四年）。松风阁前还有一段残垣断壁，这或许便是第一代松风阁的遗迹吧。

从第二代松风阁的二层眺望台向远处望去，海湾内的景色尽收眼底。近几年填海造陆工程快速发展，海湾内的现代化景象〝也将看了很长时间园内风景的游客〞一下子拉回到了现实之中。吹着海风，遥想横山大观、下村观山等人当年游览松风阁的景象，也别有一番乐趣在其中。

离开松风阁，返回到大明竹岔口，这次沿着下坡路一路下山，便到了纪念馆前。

在纪念馆和睡莲池间的便是通往内苑的入口。

内苑，前往临春阁

结束了外苑部分的游览，我们将马上前往内苑。这里原本是原家的私宅，正式对外开放是在昭和三十三年（一九五八年）。穿过气势辉宏的正门，沿着石板路一直向

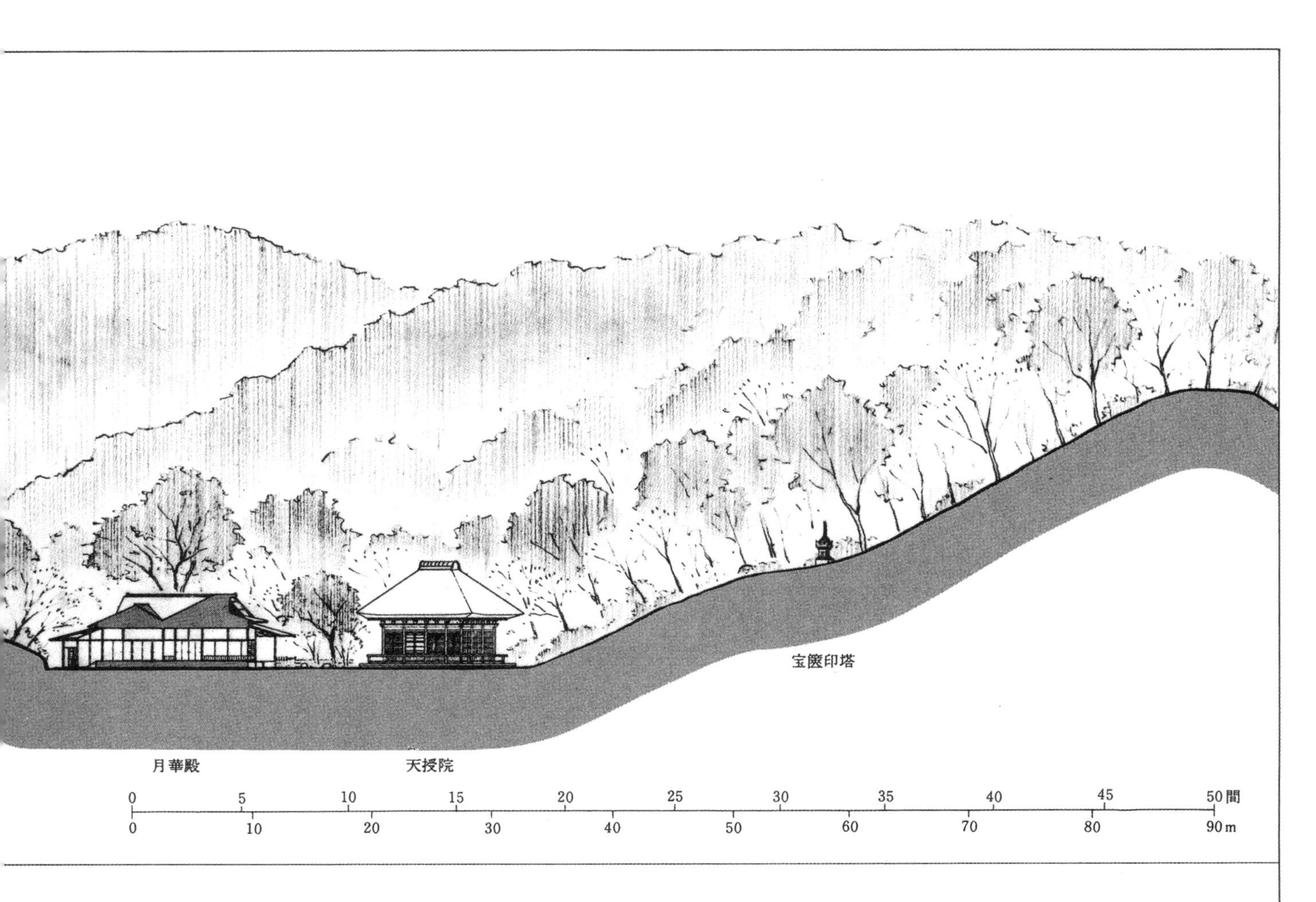
宝篋印塔
月華殿
天授院
0 5 10 15 20 25 30 35 40 45 50間
0 10 20 30 40 50 60 70 80 90m

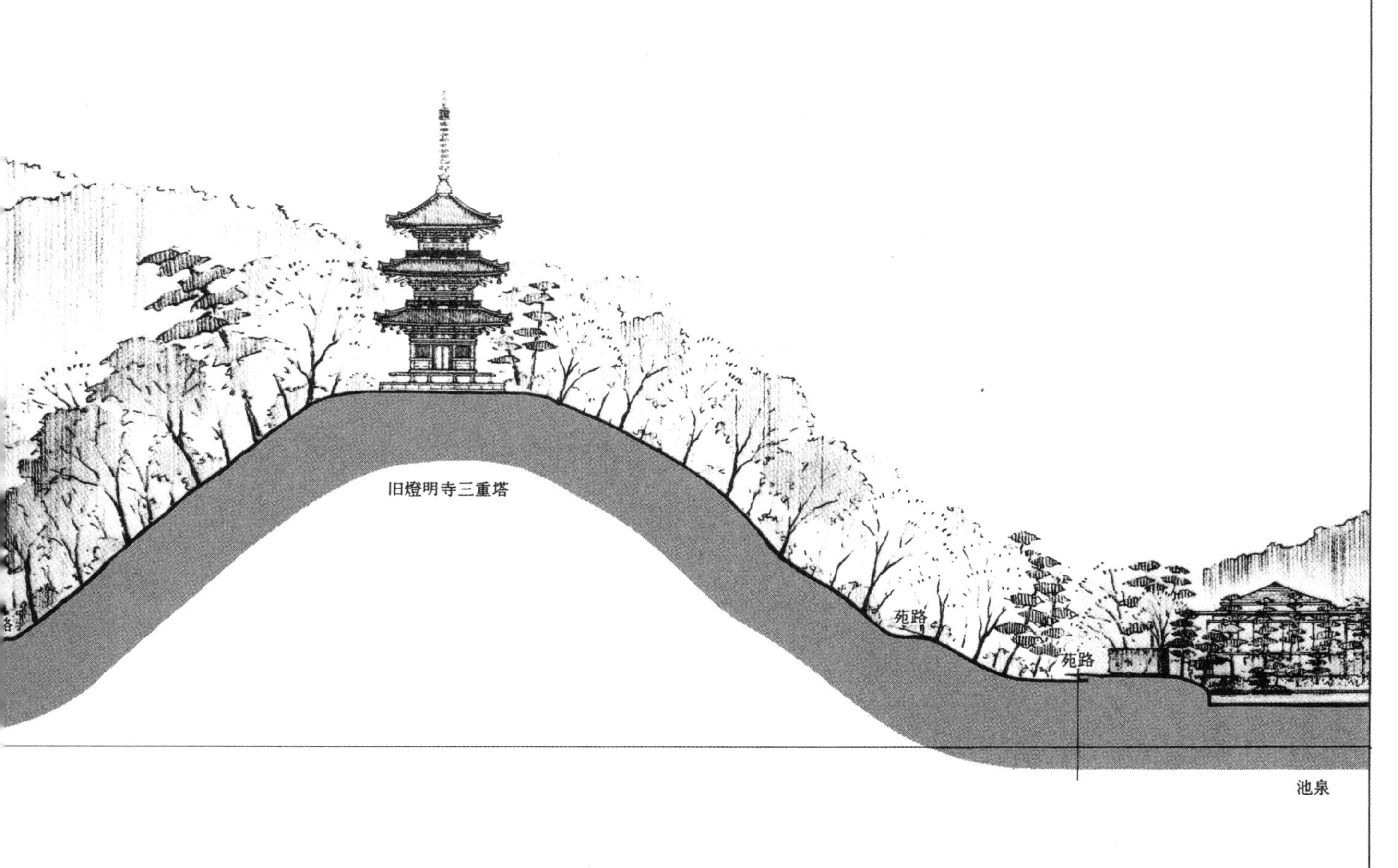
旧燈明寺三重塔
苑路
苑路
池泉

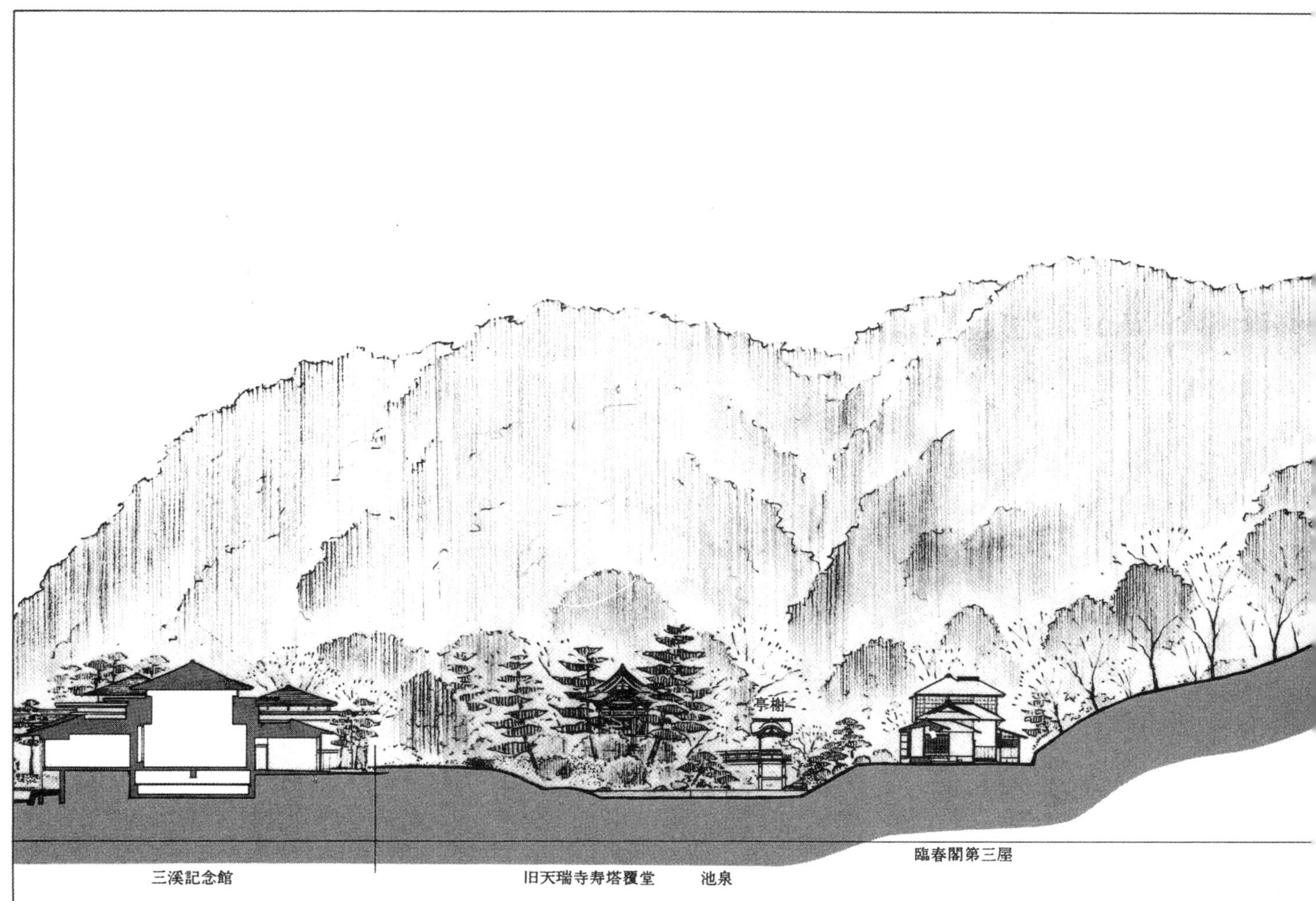

下段右端に続く

A－A　内苑・外苑断面図　縮尺1：600

C－C　聴秋閣・流れ断面図　縮尺1：300

前。右手边便是三溪晚年时居住的白云邸。白云邸按照三溪喜爱的茶屋风格建成，很想仔细参观一下内部的精美装潢，但可惜白云邸不对外开放。

石板路的尽头是临春阁。来到内苑的池塘前，只见已成为三溪园代名词的临春阁巍然伫立在池塘前。池塘周围几乎没有石组，只有曲线优美的汀和洲滨更显现出一种柔美，与建筑物的直线形成鲜明对比，这样的对比更加打动人心。临春阁的第一屋、第二屋、第三屋成雁阵形排列。第三屋的左手边隐藏在树林中的听秋阁只露出了屋顶部分。

从临春阁眺望的景色，以第三屋上的村雨间看到的景色最为优美。村雨间三面敞开，因此外面的景色看起来要更为壮丽，外界自然风景如同阵阵清风般轻柔地吹了进来。

第二屋的对岸则是丰臣秀吉的母亲大政所大病初愈后，秀吉为了祝福母亲长命百岁而修建的寿塔覆堂，即旧天瑞寺寿塔覆堂。寿塔覆堂前，从山上留下的溪水流入内苑池中的地方架有一座小桥。池塘正中央建有亭台，有时会看到两个年轻人站在那里，很久都一动不动。也有时能看到一天都在亭子中读书的人。这样的亭子很容易让人思绪飞扬，实际上这个亭子是三溪从京都高台寺的月见台得到启发，设计修建而成的。

离开『东桂』临春阁后，沿着石子路向北走去。这些石头每一块都极为精美，是三溪亲自从奈良、京都等地收集而来的名石。石头与石头之间的间隙也经过一番设计，像是引起行人注意一般，还间杂摆放一块大的石头。

流向天授院的溪流

一边听着溪流声，一边爬山路。路的

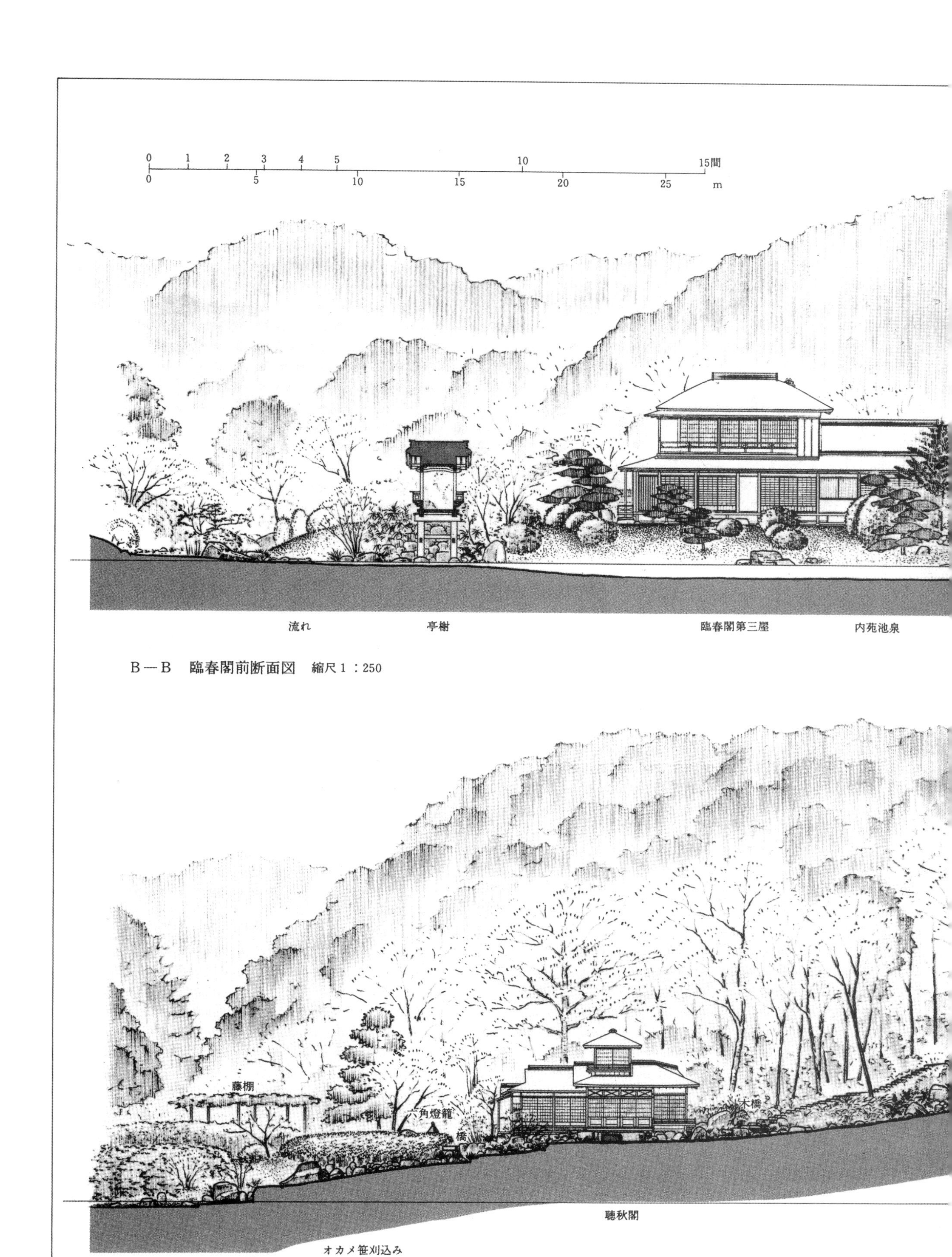

B－B　臨春閣前断面図　縮尺1：250

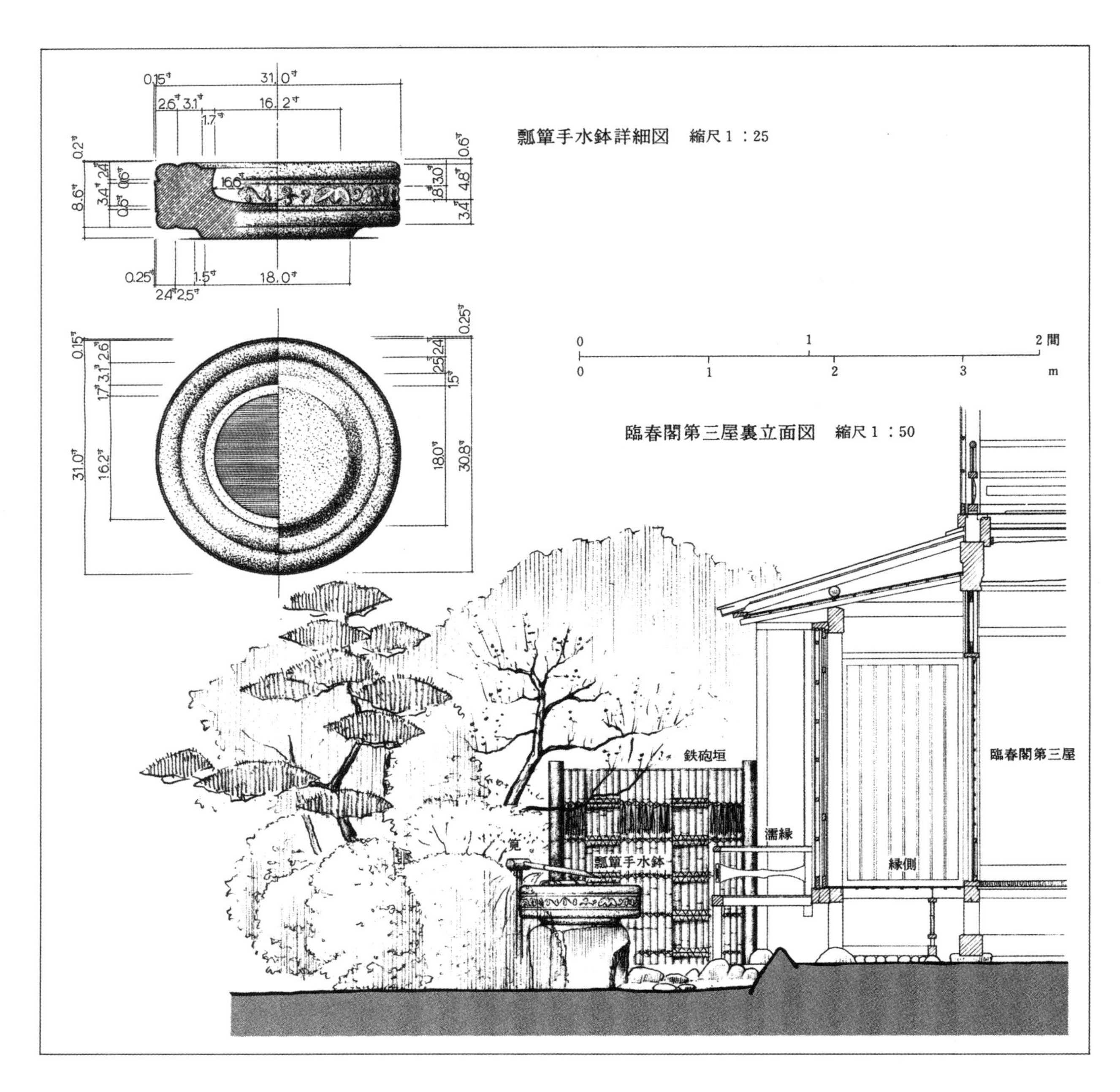

尽头是月华殿，再往里是金毛窟、天授院。只听到湍急的瀑布声，但并未见瀑布。

大概绝大多数人都不会进入天授院的后山来。但后山的斜坡上却隐藏着一座精美的宝箧印塔。何时修建于此已无从知晓，但据专家考证，应该为镰仓时代的名品。在这样隐蔽的地方还有如此精美的石制物品，这也是三溪园的一大神秘魅力了。（有关苑内的石制品将在后文中叙述）

再次返回到天授院前，沿着溪流来到山下。回头一望，第一次看到了瀑布。回望瀑布。过了架在山谷间的大石桥（约六米）便来到了山脚处。此时听秋阁优美的姿态便进入了视野之内。

听秋阁与流水的造型

听秋阁前溪水中有巨大石块。这里的景色很容易让人联想到听秋阁后的溪谷，而这一块地方也正是三溪花费大量心血精心修建的。现在看来这些石头如同远古时期就稳然在那里一般，每一块石头都被放置在了最合适的位置，与水流融为一体，而这也都是按照三溪的设计修建而成的。

长约五十米的红叶溪流是三溪最为喜爱的景色，沿着山谷散步也别有一番趣味。

瀑布声从远处传来，夹杂在静静的溪流声中，十分动听。园中的瀑布虽然不是特别显眼，但却与这一带幽邃的风景相协调。让我们坐在听秋阁的窗边暂且静静地侧耳倾听溪流与瀑布的水声吧。

听秋阁与抚养德川三代将军家光的养母春日局有着深厚渊源。听秋阁正面与侧面给人的印象截然不同，形成独特的对比。正面入口处的地方地板要低一截，铺设着木质地板。

通往二层的台阶也很独特。从侧面观察便可发现，台阶呈缓缓的『S』形。因此，不能从台阶上很快走下来。这样做也许是为了让游客在反曲点的位置暂且停下脚步，以免头碰到上面一层的地板吧。二层只有不到两张榻榻米的大小，从南侧的火焰形花窗向外望去，可以看到远处三重塔的上半部分。

从听秋阁到春草庐

经过听秋阁，前面便是春草庐了。春草庐为三张榻榻米大小的茶室，茶室中还有相传梦窗国师非常喜爱的手水钵。在这里仿佛行走在森林中的小路上一样，脚步速度也渐渐地慢了下来。不久莲华院出现在竹林的另一端。莲华院中有两个榻榻米大小的茶室和六个榻榻米大小的客厅，此外还有土间，土间的中央树立着宇治平等凤凰堂的古老木材。

与外苑开阔、宽敞的风格形成对比，内苑随处可见精巧细致的设计。这样的对比真可谓精彩。而且，与外苑相同，内苑当中也丝毫没有人工故意而为的痕迹与怪异之处。虽然耗费了大量人力，但游人却丝毫感觉不到。没有觉察到原三溪苦心孤诣的人就这样匆匆走过了，或是单纯地满足于『大自然』的精彩。但三溪翁对此也没有任何怨言吧。

石造的名品

最后我想简单介绍一下三溪园内的石制品。事实上，三溪园中有很多石制品。据《横滨的文化遗产》一书中介绍，大约有五六十件。其中，在本书的彩页当中已介绍了一些灯笼、石塔、水手钵等主要石制品。

临春阁后院中的水手钵是一块稍微泛黄的石头，高约八十七厘米，上面直径近七十二厘米。为桃山时代作品。从水手钵上的刻字可以推测出，该石制品利用了丰臣秀吉翻修京都五条大桥时所用的桥墩制成。

同样位于临春阁内的葫芦形水手钵被放置在临春阁走廊前，高约三十一厘米，直径九十四厘米，是桃山时代作品。水手钵为圆盘形，侧面雕刻有葫芦形唐草纹。相传秀吉很喜欢这个水手钵，后赐予藤堂高虎，便放置在了伊贺上野城中。有乐苑如庵的水井旁也有一个类似的圆盘形手水钵，从上面刻着的『元和元年』字样，可以推断出这是当时的流行样式。

金毛窟院前的球形手水钵四面刻有药研的种子，这是仿照镰仓时代的五轮塔水轮制作而成的。

临春阁第二屋的后院中有形似小芥子一样的石灯笼。高一百四十一厘米，没有石灯笼的顶部。相传，千利休为了躲闪刺客的袭击，飞来的刀一下子砍到了石灯笼上，砍掉了石灯笼的顶部。因此这个石灯笼也被称为替身石灯笼。

旧天瑞寺寿塔覆堂后的八角灯笼。高一百八十五厘米。该灯笼为室町时代非常气派的石灯笼。据《横滨文化财产》介绍，『圆形的反花基座，有中节的圆柱，八角中台，八角都有火袋，八角的伞顶，放置着受花的宝珠。中台下的受花形为素瓣八叶，非常古朴，火袋为面积很大的八角形，莲座上种子两面以及与四天王像很相似的四面，还有火口两面，雕刻着上区连子，下去格狭间。顶部为蕨手，里侧则为隅垂。』

除此之外，还有许多石制名品，对于喜爱石头制品的人来说，是一个很好的参观场所。如前文所说，原三溪在建造园林时，就连一块石头都会亲自前往京都、奈良，实地考察，精心挑选，然后搬运至此。每一块石头都有自己的特点，如果放错了位置，则会扭曲石头本来的面目。三溪以对待美术作品的认真精神仔细观察这些石头。石头的魅力在于，人们越是很好地利用石头原本的样子，便越能展现出石头本身具有的超越人类智慧的美。

（园林家）

兼六园·成巽阁

百万石大名的园林

被誉为日本三大名园（水户偕乐园、冈山后乐园、兼六园）之一的兼六园，是加贺百万石大名的园林。之所以命名为兼六园，是因为这所园林兼具了『宏大・幽邃・人力・苍古・水泉・眺望』这六大元素。

霞池回游

园内最大的霞池有着诸多可观赏之处，例如有被誉为兼六园标志之一的琴柱灯笼，此外还有蓬莱岛、荣螺山等，一年四季吸引着四面八方的来客。

霞池四周生长着名贵树木——唐崎松，为了使冬天的积雪不至于将树枝压断，人们用细绳将树枝吊了起来，名为『雪吊』。当雪吊的倒影出现在微波粼起的霞池水面上时，雪国金泽的冬天也就来临了。

霞池岸边的琴柱灯笼。因灯笼造型如同支撑琴弦的琴柱，由此而得名。

蓬莱岛（别名龟甲岛）的春天。

蓬莱岛的夏天。

蓬莱岛的秋天。

蓬莱岛的冬天。

银装素裹中的霞池全景图。左侧是装饰有“雪吊”的唐崎松，右侧最里面是蓬莱岛，右手前边是琴柱灯笼。

从霞池东南角眺望的风景、左边是内桥亭、中央是蓬莱岛。

清晨，倒映在水面上的『雪吊』和唐崎松交相辉映，异常美丽。

荣螺山的三重塔和红叶。

仿照被誉为天下险路“北陆路—亲不知”而建的霞池旁的飞石路。这条石子路从荣螺山的山脚一直延伸至内桥亭。

 从霞池到瓢池的园林道路上搭建的黄门桥。搭建桥板所用的石头为加贺当地出产的户室石，桥体主体部分用一块长约６米的石头制成。

离开霞池，前往瓢池。站在园内最古老的建筑『夕颜亭』中眺望远处的『翠瀑布』，近处是名为『伯牙断琴』的手水钵，该手水钵出自后藤家第九代名匠——程乘之手。

夕颜亭和瓢池

金泽出身的作家室生犀星将翠瀑布称为『名园中的落水』，该瀑布利用起伏的地形和辰巳水的丰富水源，制造出了落差6.6米的效果。真可谓『观瀑亭』，气势恢宏，不愧为百万石大名茶亭旁的瀑布。

观赏茶亭夕颜亭。建造于安永3年（1774年），别名“观瀑亭”。

从夕颜亭土间房檐下看到的风景。近处是伯牙断琴的手水钵，远处是瓢池和海石塔。

观赏夕颜亭的内部。

夕颜亭“次间”中的墙壁装饰，葫芦花（夕颜）的透雕。

夕颜亭对岸的翠瀑布。利用起伏的地形建造而成的瀑布，高约6.6米。

翠瀑布旁的石组。兼六园中石组较少，但这一石组却展现了园中石组豪快、壮美的一面。

观赏中岛上的石组。

中洲的海石塔和枝垂樱。

海石塔和枝垂樱的夜景。

在金泽城前面积约十万平方米的空地上，前田家用了二百年的时间建造了兼六园。

流经山崎山脚下的泉水滋润着整座园林，池泉中充盈着清澈的泉水。

四季变幻

宏大的园内景观富于变幻，远处是卯辰山，近处的青苔静静的，仿佛暗藏着秘密，假山与自然融为一体。园内名树众多，又放置有各种名石。兼六园一年四季都在不断变幻着妆容，而它也成为了金泽市民的休闲之地，受到大家的喜爱。

日本最古老的喷泉。利用虹吸原理，从上面的霞池引水下来。

春天，曲水边盛开的樱花。

初夏，盛开在曲水边的燕子花。

夏天的溪流。从这里可以看到远处成巽阁的赤门。

眺望浮于曲水之上的鹳鸰岛。岛上有阴阳石、连理松、五重塔，分别代表“出生”“结婚”“死亡”。

 琴柱灯笼附近的树木，树荫处放置有“虎石”。因很像老虎趴在地上吼叫的样子，由此而得名。

山崎山上的“御室塔”，山下是辰巳水路的出水口。这条水路穿过山崎山的山洞，从这里引入了园内。

雁行桥（别名龟甲桥），雪见灯笼。11 块赤户室石排列成大雁雁阵的样子，好像大雁在天空中飞翔。

架在七福神山前的雪见桥。

雪中的雁行桥。

露根的松树。据传，人们在根部加土栽种，然后慢慢将土移开，就变成了现在的样子。

成巽阁是十三代加贺藩主前田齐泰在兼六园内为其母亲真龙院建造的隐居处。

成巽阁飞鹤庭

这处园林被称为飞鹤庭，整个园林地势低矮，长满了青青的苔藓，辰巳水路被分流到了这里成为了涓涓曲水。以此曲水为主景，在庭院中栽种树木，放置石块、灯笼、手水钵等，极尽纤细优美之姿。

茶室清香轩外走廊处曲水流觞，别有一番雪国独有的细腻韵味。

方丈南庭西南角的娑罗双树。让人们不禁联想到了释迦摩尼圆寂时的娑罗树林。

跨过曲水，观赏铺设在清香轩前的飞石。

茶室外走廊处的曲水，房屋柱子处用的石头为自然石。

观赏清香轩的前面。在外走廊处铺设有石块，成为茶室的“内露地”，这样冬天在这里召开茶会相对方便些。

清香轩入口前的脱鞋石。石头色彩鲜艳亮丽，极为时尚，很是有趣。

清香轩内部。京间、三叠台目、茶室。

从清香轩的“窝身门”看到的飞鹤庭。

紧邻清香轩的清香书院内部。京间、八叠、广间。

从清香书院向外看到的风景。曲水的前面放置有六地藏手水钵。

清香书院前的六地藏手水钵。后藤程乘制作，相传是从江户本乡邸运来的。

飞石道路上铺满松针的样子。

兼六园的四季

下乡　稔
石川县兼六园管理事务所所长

兼六园是日本著名的回游林泉式大名园林之一。这座园林是江户时代最大的外样大名前田家的百万石城堡——金泽城的外部园林，也是金泽城的外郭。从五代藩主纲纪公开始建造兼六园，到十三代藩主齐泰公时基本形成了现在的规模，实际用时达二百年之久。

金泽御坊是自古以来素有『加贺，百姓为之自豪之国』的净土真宗的大本营，而金泽城则在其基础上修建而成，在被命名为『兼六园』之前，这座园林也被称为『莲池庭』，正是因为它与金泽御坊（寺）之间的关系。

受十二代藩主·齐广公的邀请，文政五年（一八二二年），奥州白河藩主白河乐翁公（松平定信）为这座园林命名，名字取自宋代诗人李格非所写《洛阳名园记》中的一句。

『园圃之胜不能相兼者六，务宏大者，少幽邃；人力胜者，少苍古；多水泉者，难眺望。兼此六者，惟湖园。』

兼六园的意思是，兼具宏大、幽邃、人力、水泉、眺望这难能可贵的六点。

修建于日本三大灵山之一——白山山脚下的这座园林很好地兼具了这些特点。

涓涓溪流流于园中，充满了整个池塘，壮观的瀑布给游人带来了清凉，在拥有丰富水源的同时，园中还可远眺金泽的全景，远处的白山连峰、能登半岛、日本海尽收眼底。兼具『水泉』和『眺望』，这是兼六园最值得自豪的魅力所在。

四月下旬，在染井吉野凋谢之后，绿叶之中包裹着如同雏菊般淡红色花的第二代兼六园菊樱开始绽放，花瓣可以说超过了三百片，品种非常珍贵。

出生于金泽的文豪——室生犀星所写的小说《性觉醒的时刻》中故事发生地『喷泉』便在兼六园内，这座喷泉建于文久元年（一八六一年），是日本历史最为悠久的喷泉，至今都能喷射3.5米的高度。

十月末时，园内的樱花、枫叶等开始染上了颜色，这些五彩缤纷的颜色在十一月中旬时会迎来最漂亮的时刻。游人置身于美景之中，都不敢相信这样的景色竟然就在都市的中心位置。

为了防止园内的树木被含有大量水分的北陆雪压坏，人们从入冬之前的十一月一日开始便给名松『唐崎松』等树木装上了『雪吊』。一千多棵树上的雪吊装置展现了雪国人对于树木的爱惜之情，也成为了兼六园冬天一道独特的风景。

兼六园在四季轮回中不断变幻着容姿，带给人们许多欢乐与惬意。真心希望这座每年接待二百六七十万游人的园林能和传统文化气息浓郁的金泽一起，永远被全国、乃至全世界的人们所喜爱。

成巽阁飞鹤庭的魅力

佐藤 满雄
成巽阁馆长

城下町金泽是江户时代实力最为雄厚的藩国，有加贺百万石之称，在金泽市的中央建有金泽城和日本三大名园之一的兼六园，而兼六园的东南角则是成巽阁。

成巽阁是第十三代藩主前田齐泰于文久三年（一八六三年）在加贺第十二代藩主前田齐广的隐居所竹泽殿旧址的一隅为其母亲真龙院所建的住所。因其位于金泽城的东南方（巽），所以最初被称为巽新殿。兼六园对游人开放之后，更名为现在的成巽阁。藩主齐泰在为其母建造这所隐居处时花费了大量心血，从用材到室内装饰、庭园，都近乎完美，也显示了当时加贺藩百万石的雄厚实力。

这座华丽的建筑物分层建造，兼具武家书院与茶室书院的特色，因其是齐泰母亲的住所，所以还带有几分女性独有的秀美。

在成巽阁的东北角是茶室清香轩和清香书院。

清香轩茶室的窝身门是用两块木板制成的开口相对较大的门，此外还有一组推拉门制成的『贵人口』。地板为方方正正的原叟地板，入口处可以看到杨子柱，四周的柱子用的则是四方竹，整个茶室干净清爽。

从窝身门进入后是一片面积很大的裸露土地，被称为茶室的内露地。在巨大的屋檐下又增添了一重屋檐。屋檐下是从外面引入的泉水，流经茶室一角之后又流向了屋外。这样的设计是为了在多雪的北陆冬季也能将这块空地作为茶室的一部分使用，与此同时也造就了一处独特的景观。在没有雨雪的季节，茶室的内露地和外面的园林融为一体，成为了一座更大的茶庭。

在清香轩品过浓茶、薄茶之后，再在清香书院招待客人。八个榻榻米大小的房间正中央有一个壁龛，左边设有顶柜和地柜，右侧是铺有地板、天花板较低的书院造格局。

打开推拉门后便可以看到书院园林的茶庭——飞鹤庭了。

飞鹤庭地势平坦，溪水缓缓流经庭院中央。这条溪水是从流经兼六园的辰巳用水引来的，历经三百年绵延不断。园林中长满了青苔，此外还栽种了许多树木，又精心摆放了一些石头，其间用石板铺成道路，整个院落给人宁静安逸之感。所栽种的树木有赤松、黑松、五叶松、枫树、黑檀木、木斛、高野榛等，每一株树木都傲雪凌风，呈现出北陆地区特有的树林景观。十一月时这些树木上便都会装上『雪吊』，待到这些树木的枝头微微铺满一层白雪时也别有一番风韵。

坐在清香轩、书院眺望园林景色，心情会慢慢平静下来，静寂的气氛仿佛要把游人带向一个幽玄的世界，在这里人们忘记了时间的流逝，久久不愿离去。

対談中の五木寛之・井上雪氏

对谈　兼六园·成巽阁

五木　宽之（作家）
井上　雪（作家）

四张面孔

五木：今天专程邀请井上女士，为我们讲讲金泽本地人眼中的兼六园，以及在四季轮回中金泽人与兼六园的一些故事。

我在很久之前便读过井上女士写的有关金泽乡土料理的散文、书籍等。对于井上女士来说，从儿时起兼六园给您印象最深的回忆是什么呢？

井上：小时候樱花盛开时我们一定会去兼六园，从桂坂前一带进入。我家有兄弟四人，那时父母会带着所有的孩子一起去游玩。

五木：这样啊。

井上：之所以选择从那里去兼六园，是因为那一带有很多茶店。

五木：原来如此。

井上：途经车库前、小缓坡，也就是现在的桂坂，在那里赏花，然后还吃甜糯米团，吃完后一直走到霞池一带。这就是儿时对于兼六园的印象。

五木：听起来很另人羡慕啊。对于儿时的井上女士来说，兼六园不是天下名园，也不是国家重点保护文物，而是普通百姓休闲娱乐的场所，和我印象中的兼六园不一样啊。

井上：哈哈，的确是休闲娱乐之地。

五木：兼六园这座园林可以说是开放式的娱乐场所。

井上：大家会在那里摆樱花宴，在树下唱歌，拍手。

五木：好热闹啊。

井上：那可是真正意义上的赏樱花。父母带着孩子们聚集在那里，小孩在旁边追逐玩耍。还会带着便当去。我的母亲是地道的金泽人，每逢赏樱花，便会换上漂亮的和服，也给我这个小女孩换上漂亮的衣服，然后到茶店坐下来打开便当吃东西。

五木：这样啊。

井上：到了以后会打开漂亮的便当盒，开始吃饭赏花。甜糯米团子当然是必吃的了，除此之外那个年代的小孩还很喜欢喝汽水之类的饮料。

兼六園からの眺望

五木：是啊。

井上：兼六园有很多入口。现在大家一般都从真弓坂进，但儿时我们都从桂坂入园。

五木：确实从不同的入口进入，给人的感觉也不一样。井上女士熟悉的是平易近人、休闲的兼六园。

井上：嗯，是这样的。

五木：我第一次来金泽是在昭和二十八年（一九五三年）的夏天。

井上：啊，是那个时候啊。

五木：学生时代我经常来到金泽，不久之后便在金泽定居了。我记忆中的兼六园有四张变化的面孔。早上会有很多上班族选择横穿兼六园去上班。

井上：确实有很多人这么做。

五木：还有很多学生从小立野方向赶来。因此，如果早上八点去兼六园的话，大家都将兼六园作为一条近路，快步从小立野方向来到兼六园，然后匆匆走过。

井上：是这样。

五木：就像这样，兼六园作为市民出行的中转站，这是它的一副面孔。

井上：是啊，横穿兼六园。

五木：白天的时候当然还数游人最多。傍晚到夜晚时分兼六园中的情侣特别多。因此也可把兼六园看做是约会恋人们『爱的公园』。

井上：确实情侣很多。而且兼六园中还有许多长椅，就好像特意为情侣们摆放的一样。

五木：是啊，尤其是夜晚的眺望台，可以称得上是最好的舞台了。

井上：没错，眺望台那一带。

五木：就像京都的鸭川河岸边，一到周六傍晚便聚集了许多情侣。在我印象当中，兼六园一直到晚上很晚的时候都有情侣在里面散步。除此之外，这已经是很久之前的事了，我们还曾经模仿之前的风流雅士邀两三艺妓一大早来到兼六园欣赏早上盛开的燕子花。我们怀着怀古的心情在园中散步，路上还遇到了一些写生、咏诗的人，这些风雅之人在园中三三五五结伴散步的情景随处可见。

因此，我认为兼六园有四张面孔。上下班时间的兼六园，游人的兼六园，青年男女聚会的兼六园，还有风雅之士的兼六园。

井上　确实有很多有情调的人会去兼六园。

五木：实际上我们也没有风雅之士那么潇洒，只不过猜想之前的人会这么做，所以便想效仿一下，饮酒到天明。

井上：是啊，那时人们还会泛舟霞池呢。

五木：这样啊。

井上：那时候在现在的内桥亭的位

兼六園 内橋亭(左)と舟之亭(右)(明治37年『石川写真百年・追想の図譜』より)

兼六園 霞ヶ池の遊覧船(明治末『石川写真百年・追想の図譜』より)

置还有两个御亭。然后小船就从那里出发，我们还看到过那时的照片。

五木：是吗。

井上：人们坐在造型独特的船上和艺妓一起乘船游玩，这些事情是我在撰写《花柳巷的女人》时知道的，艺妓还给我看了当时的照片。

五木：那个时代的人真是悠闲啊。

变化着的天空

五木：兼六园对民众开放，市民可以自由出入兼六园，是在明治维新以后吧。

井上：明治七年（一八七四年）。

五木：但那时好像不是一年四季都可以自由进入吧。

井上：好像是有时间限定的。还有另外一些限制，比如不能在园内喝酒等，一个月当中只开放二十天。或者休息二十天、一个月之类的，这些信息都会刊登在报纸上。当时还叫做兼六公园。

五木：战后便对一般民众开放了。我在金泽的时候，夜间完全没有限制，一整晚都可以自由出入。而且那时还是免费的。是什么时候开始收费的呢？

井上：啊，是什么时候，具体我也记不清了。当时社会上还争论了一番。

五木：是不是昭和五十年或是五十一年的时候呢。

井上：好像是那个时候。已经过去十年了。

五木：站在兼六园管理方的角度来看，收费政策以及时间限制等确实有利于管理。但如果以一个市民的身份来说，如果有太多限制的话，会有一种兼六园离百姓远去的感觉。

井上：是啊。现在兼六园的门票还很贵，不知道从什么时候开始从一百日元涨到了三百日元。不过对老年人免费。如果是六十五岁以上就好了。但好像也不需要老年证明之类的，只是看游客像不像六十五岁以上，因此产生了很多有趣的事。被看作是六十五岁以上的老人，但实际还不到的人便会很惊讶；但有人也会觉得只要能免费进去就挺好的了。

五木：那确实很有趣啊。不过政府的人也需要考虑到这些实际因素啊。

井上：樱花盛开的时候兼六园会开放一周，而且是免费的。

五木：这样啊。

井上：从正月初一到正月初三会对市民免费开放。有时候还会延长开放时间到十天，大家那时候会特别兴奋，都会去兼六园。好像不去的话就吃亏了一样。（笑）所以大家都会去。

五木：我听说现在冬季四点半、夏季六点半会闭园。这当然也是没有办法，

五木寛之氏

井上雪氏

但我觉得近些年日本各地的管理都变得越来越严了。

井上：四点半就关门确实有些遗憾啊。

五木：是有些早啊。

井上：是啊，因为兼六园景色最美的时候是在黄昏啊。

五木：我也这么认为。刚才您说到樱花盛开的时候一定会去兼六园，还想问井上女士您觉得兼六园什么季节最漂亮呢？

井上：嗯，雪花飘落积在地上大约五厘米的时候最美。

五木：雪天的兼六园很美啊。

井上：嗯。不是下很大雪的时候，雪花飘落刚好积了五厘米的时候，会觉得今天的兼六园真漂亮啊。从下雪的方式就会明白，是那种鹅毛大雪，不是小雪、细雪之类的。雪花轻轻地飘洒下来，像化了妆一般。您看一下自己家的松树就会知道了。真的很美丽。

除此之外，就要算梅雨时节了。那时候的青苔最漂亮。

五木：是啊，青苔也很有韵味啊。

井上：那时候树叶也是新绿色的，燕子花也正开放，要是阴天就更好了，比如雨后。

五木：是啊。在那个季节站在金泽的卯辰山一带的高处向远处眺望，会看到河水有些暗沉，天空还下着小雨。

井上：是的。

五木：那时浅野川也会有些浑浊，在那种氛围下去兼六园会看到各种树木的绿叶都泛着光泽，青苔也生机勃勃。

井上：对对。

五木：那个季节真是不错啊。

井上：例如霞池虽然是一个不起眼的池塘，但如果在池边静静地坐一会儿，会感觉到一种说不出的魅力。

五木：我也深有同感。太阳渐渐西沉，静静地看着天空颜色的变化，那种美丽是无法用语言形容的。

井上：嗯，现在池塘中还有鸭子。

五木：嗯，今天就有。

井上：有的年份池塘中的鸭子有二百多只。那时候去兼六园的话，会看到很多人在茶店那里等鸭子游来。听人们在那里谈论今年鸭子多啦、少啦之类的话，多的时候有二百多只，少的时候有一百只左右。

五木：哦。

井上：光看看这些鸭子就很开心了。

五木：是啊，这样一来觉得如果能将早上、傍晚的参观时间延长一下就好了。

井上：游览霞池的时候，游客一般会背朝眺望台观赏。

五木：是啊。

取材中の五木寛之氏

井上：但那样做正好相反。

五木：为什么呢？

井上：那样正好是从反面看的，原本应该从瓢池一直走到霞池，这是我最喜欢的一条路。然后在霞池旁的内桥亭附近驻足眺望，不远处的小山尽收眼底，霞池中的蓬莱岛也如同浮出水面一般，十分美丽。

五木：原来如此。

井上：游客全都面朝内桥亭观赏，那样一来反而不好看了，从阳光照射的角度来说也是一样的。

五木：哦。

井上：内桥亭的旁边有一颗菩提树，那里最好了。沿着菩提树会有一条路，叫做『亲不知』，也就是内桥亭右边的位置，那里最适合观赏了。

五木：我完全同意。原本看风景就是顺光看最好了。

今天从兼六园管理事务所那里得到一本介绍兼六园的书，封皮上是绘于文久年间（1861～1864年）时的『兼六园绘卷』的一部分。在那幅图的左边可以看到大海。

井上：是啊。有一座汐见桥。

五木：嗯。

井上：从瓢池那里肯定可以看到大海的。

五木：过去的时候。

井上：那里和石浦神社的常夜灯的位置恰好重合。

五木：嗯。

井上：常夜灯现在都在使用，虽然从那个位置看到大海令人难以置信，但一定是能看到的。

泉水灵动

五木：如果要问我最喜欢兼六园的哪一处的话，我会不知道怎么回答。因为看了太多有关兼六园的明信片，所以会说琴柱灯笼，雪吊的松树之类的，但这样的回答太常见了（笑）。

井上：是有些难以回答啊。

五木：是啊。兼六园大致可以分为两个部分，小立野台地一带平缓开放之地，还有以前的莲池门以及附近的高低不平之处。

井上：是这样的。

五木：莲池门一侧，也就是现在的金泽城一侧最早被开发为园林。

井上：是的，从瓢池到莲池门一带是修建最早的。

五木：我也很喜欢那一带。还是历史悠久的地方比较有韵味。园林中的莲池一带也就是旧园林处，上下高低起伏，地形多变，非常有趣。

井上：是啊。我最喜欢的一条路是

兼六園 雁行橋

兼六園 七福神山

从瓢池到黄门桥一带，那里的水流声非常动听。水流刷地一下子落了下来，虽然不是瀑布，但唯独那里的水声清脆滑润。

五木：水声啊。

井上：那里的水流特别快。从黄门桥到菩提树，再从内桥亭旁边、三芳庵经过的一带，幽古苍然，有一种溪谷之美。

五木：原来如此，那一带很美啊。

井上：那一带有些阴暗。也许是有些暗的原因，那里竟然没有什么人。

五木：确实是，我认为兼六园本身便具有两张面孔，明和暗两种。

井上：明的面孔是在霞池、眺望台一带吧，那一带好像有些过于明亮。

五木：在小立野台地那片地方我最喜欢的是曲水到雁行桥一带。

井上：那里也很漂亮。

五木：为什么说那里的流水很美呢，我觉得主要是因为水浅，而且还很平坦。一般水深、水量又多的河川不会这么宁静，会有一种壮阔的感觉。但是那里水下的小石头好像全部一点一点露出了头似的，水面宁静泛着波光，非常漂亮。

井上：浅野川也是这样的是吧。我把浅野川形容为『河水轻柔地流淌』。

五木：这个描述很好。

井上：其他地方的人也许不明白，但金泽的人会说，小雪（井上女士），我太了解这句话了，河水轻柔地流淌，好像使人发痒似的。这个描述好像显示了河水的表情。

五木：水波很细，像花纹一般凹凸不平。

井上：果然花见桥一带曲水非常漂亮。

五木：每天都有公园管理人员穿着长靴到里面清理沾上青苔的砂砾。

井上：啊，这样啊，在那里清洗。

五木：嗯，好像如果不这么做的话河底就会变黑。我觉得那里的河流真的好像有表情似的。

井上：我小的时候在那里吃过饭。

五木：能具体说说吗？

井上：我在金泽女专上过三年学，每天都会拿着便当在那里吃饭。

五木：那可真奢侈啊。

井上：每天我都会在花见桥附近吃饭，然后爬到山崎山上，在那里读一会儿书，然后再回学校，三年时间天天如此。

五木：我觉得园林、美术馆、公园之类的场所带给人们最大的快乐就是这样在每天的平凡生活中感悟的。

井上：所以我们并不觉得兼六园是一座特殊的公园，只觉得它是学校的一部分。

五木：位于仓敷市的大原美术馆的正前方有一个名为『仓敷旅馆』的别致

成巽閣 六地蔵燈籠

成巽閣 外観

旅店，是由旧仓库改造而成的。那里的女老板曾经说，大原美术馆刚建成时她还是一个少女，美术馆几乎没什么人去，所以当她有什么想读的书时，便会拿着书去美术馆，坐在美术馆的椅子上慢慢读书，或者是偶尔看看画什么的。听了女老板娘的话，我很是羡慕。

神佛共存

五木：我之前就觉得兼六园中有几处地方特别有趣，其中一处便是瀑布。

井上：翠瀑布吗？

五木：嗯，虽然不是太大的瀑布，但园林里有瀑布还是很少见的。

井上：不过，翠瀑布现在的水流要比之前小了。

五木：而且一边是瀑布，另一边是喷泉。在日本的园林中有喷泉的不多见啊。

井上：金泽的喷泉不少。

五木：嗯，我的意思是，不光在金泽，在全国范围内历史悠久的园林中有喷泉的不是很少吗？对于这一现象，有人曾这么解释过。欧洲文明和日本文明亦或是东方文明有着相反的倾向。欧洲文明中，例如从古代社会到近代欧洲社会，都在力图征服自然，就好比他们有抗拒引力、重力从而建立文明的想法，所以会对喷泉这样从下到上，与自然之力相抗衡的东西非常感兴趣。

井上：这样说来欧洲园林中确实有很多喷泉啊。

五木：在意大利文艺复兴期出现了喷泉，之后喷泉便成为了园林的中心。

井上：喷泉文化。

五木：从下到上抗衡重力的一种美学。

井上：而日本到处都是瀑布。

五木：但日本却与此相反，日本人顺应自然，从瀑布这样的从上往下掉落的景观中感受到美的存在。

井上：嗯，我也这么觉得，还是觉得顺应自然，从高处往低处流淌的景观美丽。

五木：所以兼六园中瀑布和喷泉共存的情况就好像代表兼六园兼具崇尚西洋人工文明和日本式自然之美的心，这一现象真是很有趣。

井上：而且据介绍那个喷泉还是日本最古老的呢。

五木：嗯。因此我觉得兼六园就如同之前的佛教文化一样，是各种文明的集合。数学、物理学等诸多文明全部融合在内。这一点很是意义深远。

井上：嗯，确实很有趣。发生紧急情况时，如果挪开瓢池那儿的一块石头的话，瓢池中的水便会流向金泽城外的护城河，而且公园里所有的水都会一同流出，起到了防火等其他作用。

五木：原来如此。

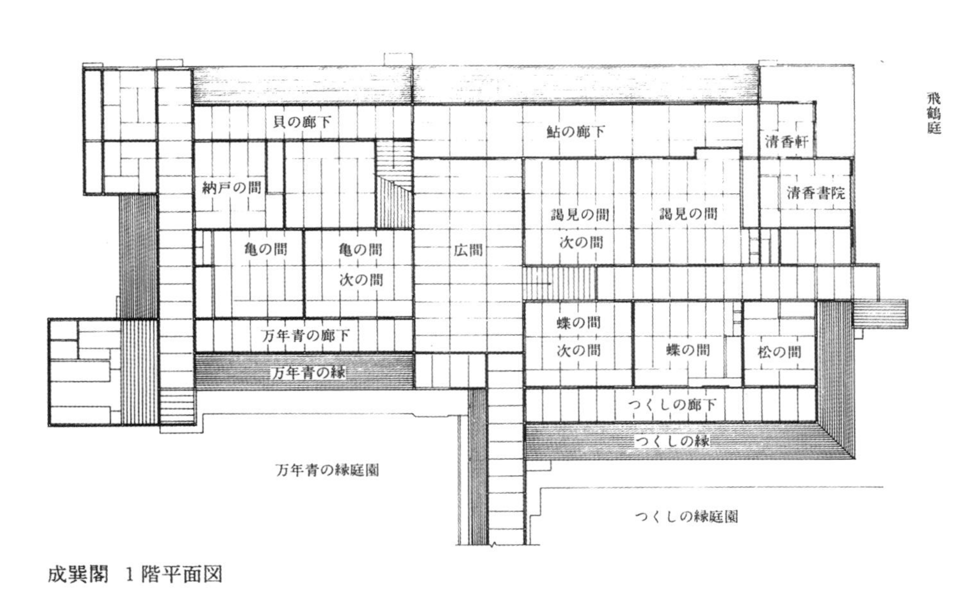

成巽閣　1階平面図

井上：也就是说是用来防御外敌的。在我们看来很美的景观例如曲水、喷泉、瀑布、霞池的水，全都是为了以防万一时使用的。

五木：嗯。

井上：归根结底兼六园也担负着保卫金泽城的功能。

五木：此外，山崎山的对面有一个岛，好像是叫鹳鸰岛。在岛上有一块阴阳石。这块石头很好地表现了日本人的文化。有男根石，还有佛教的坟墓。正面好像还有神道样式的鸟居。

井上：嗯，是这样的。

五木：这样一来，日本的佛教、神道教以及印度教一样的事物自然而然的共存一处了。

井上：是在那里神佛和平共处的意思吧。

五木：嗯，全部存在于那里，这也很好地体现了日本传统文化的特性。

从尾山御坊到国民公园

五木：之前，我在创作《朱鹮之墓》这部长篇小说的时候曾经看到过这样的资料。在明治三十七年到三十八年（1944～1945年）的日俄战争期间，曾有很多俄军俘虏来到日本。当时有很多俘虏被收容在了松山、名古屋、金泽等地。当时的日本政府为了显示自己是一个文明国家，便遵守日内瓦条约的战俘待政策。特别是在金泽，有许多俄军将领和贵族，他们大多被安置在兼六园中的商品陈列馆，也就是劝业博物馆那里。

井上：我也在《花柳巷的女人》一本书中写过这件事。

五木：其他的普通士兵则被分散在各处……。

井上：先让俘虏睡在东别院、西别院等地，然后再聚集到兼六园的劝业博物馆。

五木：是这样的。而且被安排在劝业博物馆的将领据说可以在兼六园内和市内自由活动。

井上：嗯。军队上层的人被安排在了那里，别院则住着下级士兵。

五木：沙俄帝国时期的军队内部等级森严，将领一般都是贵族子弟担任。因此，他们通过红十字军从故国运来了大量钱，那些将领来到金泽做的第一件事便是，在金泽的裁缝店用呢绒做军装和长靴。据说还可以戴佩刀，所以很多人都是穿着斗篷在金泽大街上散步，很是英姿飒爽。

井上：那时的俄军士兵好像真的很帅气。那时特别是艺妓对这些将领很是狂热，有很多人都想和将领拥抱（笑）。说这是大家的梦想（笑）。

五木：不论怎么说，这些将领很有钱，而且长得也不错。

和暦	西暦	兼六園・成巽閣庭園関連年表
天正九	一五八一	加賀藩祖前田利家、能登一国に封ぜられる。
一一	八三	利家、七尾から金沢城に入る。
慶長元	九六	明の儒学者王伯子、二代利長に招かれ、蓮池庭に住む。
六	一六〇一	三代利常に、徳川秀忠の娘珠姫が入輿。蓮池庭内に江戸町をつくり珠姫の従者を住まわす。
元和八	二二	珠姫没。従者が江戸に戻り、江戸町空家となる。
寛永九	三二	板屋平四郎、利常の名を受け、辰巳用水を完成。金沢城内に水を引く。
万治二	五九	金沢城内の作事所を、蓮池庭内の旧江戸町の地に移す。
延宝四	七六	五代綱紀、蓮池庭の作事所を城内に移し、その跡地に別邸を築造する。
貞享三	八六	この頃から、蓮池庭の別邸が、蓮池御殿、蓮池御亭、蓮池の上御殿などと称される。
宝暦九	一七五九	金沢城下の大火により、蓮池御殿など灰になる。
安永三	七四	十一代治脩、蓮池庭を再興。夕顔亭、翠滝が完成する。
寛政四	九二	園内に藩校が築造される。
文政二	一八一九	十二代斉広、藩校を移転し、竹沢御殿の築造を開始する。
五	二二	竹沢御殿完成。松平定信から「兼六園」の揮毫を送られる。竹沢御殿は斉広の没後取り壊される。
天保八	三七	十三代斉泰、霞ヶ池を掘り広げ、その土で栄螺山を築く。斉泰により、兼六園は、ほぼ現在の姿に整備される。
文久三	六三	斉泰、母堂真龍院のために巽新殿を築造する。
明治二	六九	巽新殿を巽住居所と改称する。
四	七一	二月、蓮池庭、与楽園の名で、拝観日を限定し開放される。後に兼六園の名に改められる。
七	七四	五月、兼六園、石川県の公園として正式に開放される。巽住居所、成巽閣と改称。
大正一一	一九二二	三月、内務省、兼六園を金沢公園の名で名勝に指定する。
一三	二四	三月、内務省、金沢公園の名を兼六園に戻す。
昭和一三	三八	成巽閣、国宝に指定される。
二五	五〇	四月、成巽閣、有料公開を開始。兼六園、現「文化財保護法」により名勝に指定される。成巽閣、重要文化財に指定される。
五一	七六	九月、兼六園、入園が有料となる。
六〇	八五	三月、兼六園、特別名勝に指定される。

井上：而且据说还很有礼貌。

五木：嗯，很有礼貌。那是当然的，毕竟是贵族子弟，自然很绅士。

井上：这些俄军俘虏都『女士，女士』地叫艺伎，而金泽当地人从来没有这么尊敬地叫过她们。让艺妓们觉得备感亲切。

五木：哦，他们真正把这些艺伎看做是艺术家。

井上：好像是这样的。但日本人却只把她们当做花柳巷的女子来看待。

五木：这样说来兼六园从十六世纪的尾山御坊时代开始便经历了很多历史变迁。俄军俘虏曾在这里散步；战时人们为了得到松根油，把树皮剥了收集松香等。我觉得把这些历史遗迹保存下来比较好，因为它们都是历史的一部分。此外，还有旧制高中生在园中昂首阔步的时代，然后到了战后，那时十分破败不堪。

井上：战后十年左右的时间，特别是五六年的时候听说当时很是悲惨，园里特别脏乱。

五木：之后国家对兼六园进行了整修，变成了市民的兼六园，再之后开始收门票，变成了国民的兼六园（笑），然后大量游客蜂拥而至。

井上：外国游客特别多，现在已经成为了国际化的兼六园了。

五木：在对兼六园进行旅游宣传推广的时候，曾提出的宣传主旨是，让更多的人了解兼六园的美。但我觉得实际情况是，吸引了很多游客参观兼六园，但真正感悟到兼六园的美、满意而归的人要比误解兼六园而归的人少得多。

井上：这样就太遗憾了，兼六园本身是很好的公园。

五木：嗯，真的是很好的公园，所以才很遗憾。

井上：如果一直在一个地方的话会发现很多变化之美，天空颜色的变化，霞池池水的变化，除此之外四季的各种鲜花也很美丽。荻花就很漂亮。荻花盛开的初秋时节，红色的荻花、白色的荻花都很美。在季节交替的时候游览兼六园，我觉得尤其好。

五木：嗯。此外，兼六园中的野生鸟也很有名。但园中导游的麦克风声音那么大恐怕会把小鸟吓跑吧。真的是被吓一跳（笑）。

井上：青叶鸮之类的也很好。

五木：不过总这样感叹也没有什么用，如果能让这本书的读者逐渐了解兼六园，知道还有这样一种欣赏兼六园的方式，从而感受到其中的美，那我们也就心满意足了。

成巽閣 つくしの縁

成巽閣 亀の間腰板

井上：即便不是游览兼六园也是同样的道理，如果能约三两好友，或者是一人独自欣赏也是很好的，如果不是这样的话便很难领略到兼六园的美。作为一个金泽市民我真心这样希望。

成巽阁的优雅之美

井上：每次去兼六园我都会去成巽阁看看，整座建筑是非常潇洒大气的典型女御殿式。我非常喜欢那儿的环境，所以我就多说几句。

不管怎么说，成巽阁都是十三代藩主给其母建造的隐居所，所以各方面都很精致。楣窗、走廊的裙板处随处都可以看到茶室风格的装饰，非常精致。特别是二层为白木的茶室风格书院建筑，各个房间——蝶间、龟间的推拉门裙板上都绘有图案，有的还画有大乌龟带着小乌龟游玩的画，十分可爱。

走廊上有的地方绘有香鱼，有的地方绘有贝壳。最有趣的是，每增加一层香鱼的数量也增加一条，到第十二个屏风时香鱼的数量便变成了十二。此外飞鹤庭这个小院子也很美。在成巽阁长长的外走廊上可以尽情地欣赏外面的美景。成巽阁的房檐用枯木支撑着，除此之外没有立柱，视野极其开阔。五叶松、八汐、枫树间杂栽种于此，从辰巳用水引来的流水流淌其间，身处其中心情也自然舒朗了起来。将曲水引到土走廊处，冬天的时候在上面搭个简易的屋子，很有雪国独有的风韵。

室生犀星曾写过这样一句诗：『轻闭雨户，静听流水，知秋到。』诗人一定是对金泽的秋天深有体会才发出这样的感叹吧。但我还是最想在春天的女儿节时来。每年春天我都会来兼六园观看被称为内里雛源流的宽永雛（人偶），此外还有享保雛、次郎左卫门雛摆放在园内。玩偶头部圆圆的，很喜欢它胖嘟嘟的表情，令人忍俊不禁。兼六园之所以能随着季节的变化举办如此多的展览也多倚靠了前田家雄厚的财力。这样在兼六园中游览一圈，然后在成巽阁休憩片刻，一扫平日里的疲倦。

也有人会说，我不喜欢兼六园，因为它是藩主为了自己的享乐而修建的，充满了特权和压榨的味道。我不希望大家这么认为。我的兴趣在于，想让大家能从地方大名修建的园林中感受到美，把兼六园看作兼具六大特色的名园。不论成巽阁也好，园中的各处景观也罢，游客从中能发现怎样的美，获得怎样的乐趣，都在于每位游客的内心。

自由地观赏，在自然之美中忘却自我，这种沉醉于自然之中的体验，在现代社会是多么难能可贵啊。不好意思，啰啰嗦嗦说了这么多。

五木：谢谢井上女士的结语。谢谢。

庭園解説

兼六園・成巽閣

斎藤 忠一

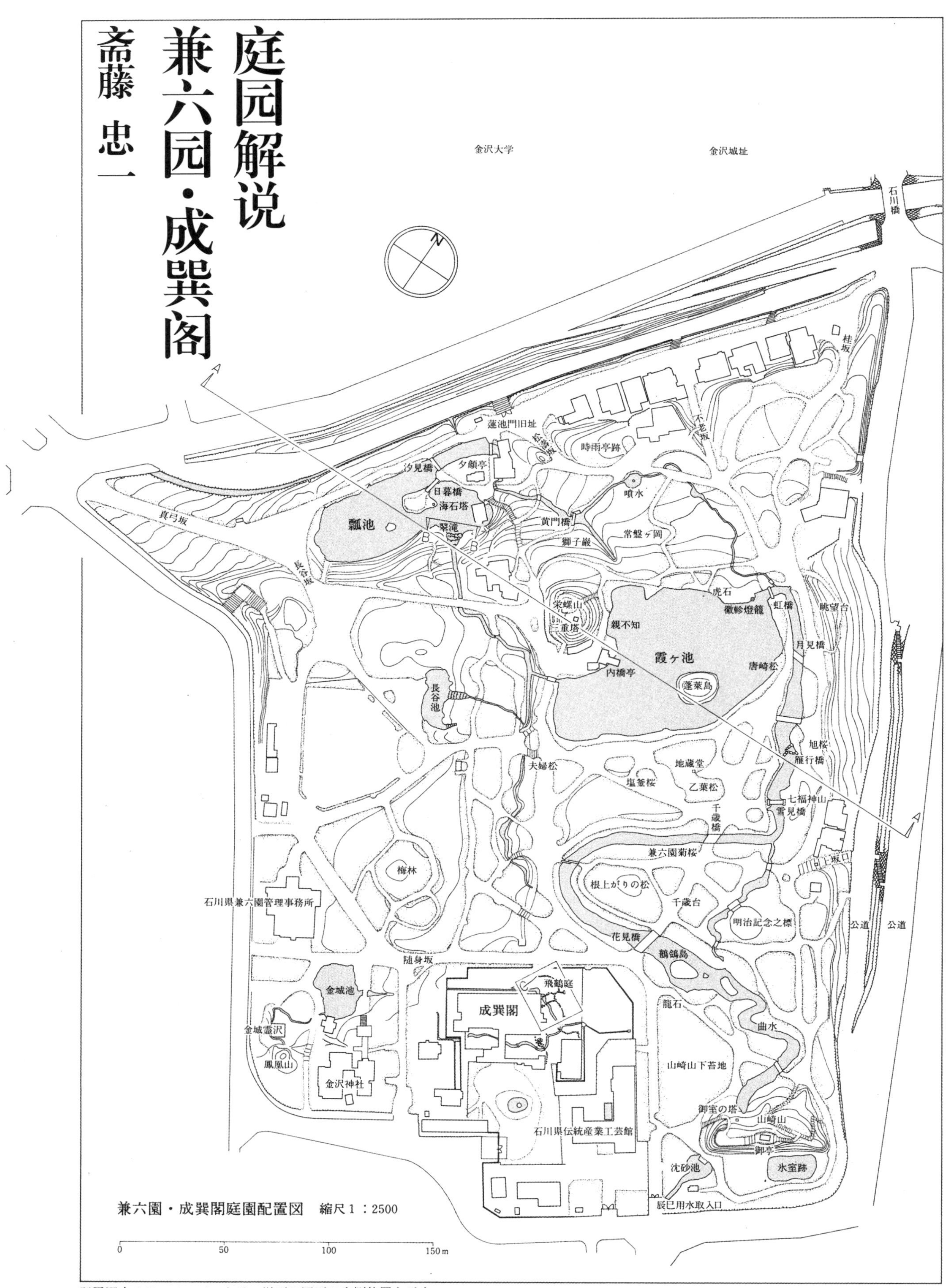

配置図中のアルファベットは、以下の図面の実測位置を示す。

瓢池

金泽城位于犀川和浅野川冲击而成的小立野台地尖端。人们在山脊处挖出护城河，与金泽城构成了一个完整的城郭。人们把这条护城河叫做百间掘，隔着百间掘，过了桥便是兼六园了。兼六园是一座占地三万坪左右（约十万平方米）的大型池泉园林，以冬季的雪吊景观而闻名。

穿过金泽市内最繁华的街道香林坊，再经过市政府，便来到了真弓坂入口处。

兼六园四面八方都有入口，游人进出最多的还属真弓坂入口了。

爬上真弓坂后便会看到一个大池塘。道路在池塘前面开始分为两条，右侧的道路长谷坂是去霞池的近路。

沿左侧的道路而上，又一个池塘出现在右手边，池塘周围种有许多树木，非常繁茂、幽邃，置身于这片绿色之中，心情也自然平静了下来。

这片池塘名为瓢池。池中有一座中洲，一座石桥将其与陆地连接，中洲的对岸是高约1.28米的瀑布，名为翠瀑布。

中洲上有一座造型独特的六层石塔。据说这座石塔历史悠久，是从朝鲜传来的，但石材却与当地出产的石头几乎相同。整座石塔造型极其优美。

连接中洲与陆地的桥名为日暮桥，是一块长约1.28米，宽约四米左右的巨大石头制成的。在这块巨大的石头之上还铺有长约六十厘米的石头，呈45度对角铺设，与底部的巨大石头形成对比，呈现出一种崭新的风韵。

瓢池的北岸是一座用茅草搭建的茶亭，名为夕颜亭。这座茶亭是十一代藩主前田治修为了观赏中岛的瀑布而修建的。站在夕颜亭远眺日暮桥、海石塔、翠瀑布，给人以幽邃深远之感，景色壮观美丽。

在夕颜亭房檐下有一个名叫伯牙断琴的手水钵，别名邯郸手水钵。水槽的上方雕刻有一个卧枕而眠的人。有人说上面雕刻的是春秋时代琴师伯牙听闻知己钟子期去世后，悲愤断琴的故事。也有人说是邯郸梦枕的故事。总之雕工精细，隽永秀美。是京都著名雕刻师后藤程乘专为五代藩主纲纪公雕刻的。

莲池庭

从夕颜亭前走过，向北登上一道缓坡，便走到了从莲池门延伸来的小路上了，再走一截便来到了喷泉处。这一带都是地势低矮的平地，树下长满了青苔，非常漂亮。

喷泉的后面是葱郁的森林，名为常磐岗，它的北侧是樱岗，樱岗的北端是桂坂口，从那里通过架在百间掘上的石川桥，便进入到了金泽城。

真弓坂到樱岗这一带是兼六园最初建园的地方。

天正十一年（一五八三年）藩主利家公进入尾山城后将其改名为金泽城，之后挖掘百间掘，城外设置了亭舍。或许是因为当时尾山城成为一向宗徒的大本营时已有莲池，所以也将兼六园称为莲池园。

受二代藩主利长公邀请而来的明朝儒者王伯子也居住在莲池园中。

庆长六年（一六〇一年）将军秀忠三岁的女儿珠姬嫁到了年仅八岁的藩主利常公身边，当时随从珠姬陪嫁而来的有男女数百人。因此在莲池园一带修建了许多房屋，这里便被称为江户町。

元和八年，珠姬去世，陪嫁而来的人便都回到了江户，从此江户町也就消失了。

辰巳水

宽永九年（一六三二年）三代藩主利常公命板屋平四郎将犀川上流十千米处的水流引入金泽城。

金泽城虽位于犀川和浅野川交汇处，但由于是一块台地，所以水资源匮乏，护城河也近乎干枯。每当发生火灾时便难以灭火，宽永八年的大火几乎将整座城池烧毁。

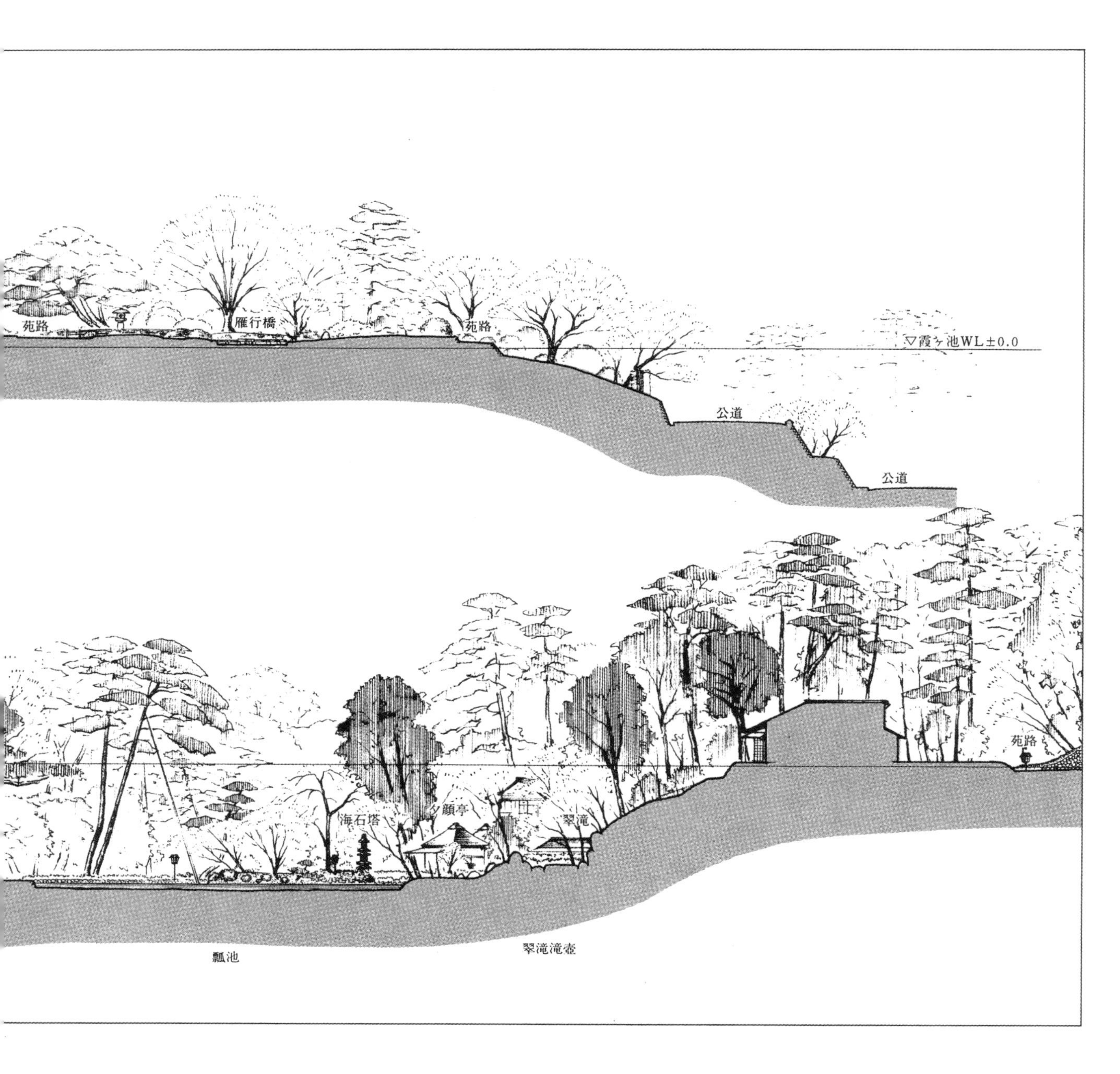

被引到莲池庭的水通过虹吸原理穿过石川桥下，一直流到了金泽城的二丸。引来的水灌满了护城河，起到了为金泽城灭火的作用，此外也正是因为有了水源，兼六园才得以修建。

现在所看到的喷泉，是文久元年（一八六一年）十三代齐泰公为了在二丸前修建喷泉，先在此处做实验时建的。

莲池御亭

万治二年（一六五九年）位于金泽城内的工程部搬迁到了江户町的遗址处，随后在那一带修建了几座离亭。程乘到金泽来贺时曾住在其中的一间屋子里，所以被称作程乘屋敷。

五代纲纪公于延宝四年（一六七八年）正式开始建造山庄。纲纪在这里宴请家臣，在瓢池岸边的茶亭中举办茶会，在马场观看赛马，在园中散步、赏花。由此将这座山庄称为莲池御亭或是莲池御殿。

当时常磐岗后还修有道路，对面是被称为千岁台的武家居住地。

纲纪计划将千岁台也改造为园林，但连续两年的饥荒迫使工程停工。取而代之的是，在樱岗和常磐岗间的六十六亩田上尝试种植了从全国六十六个州收集来的稻谷。

但纲纪所修建的莲池御亭于宝历九年

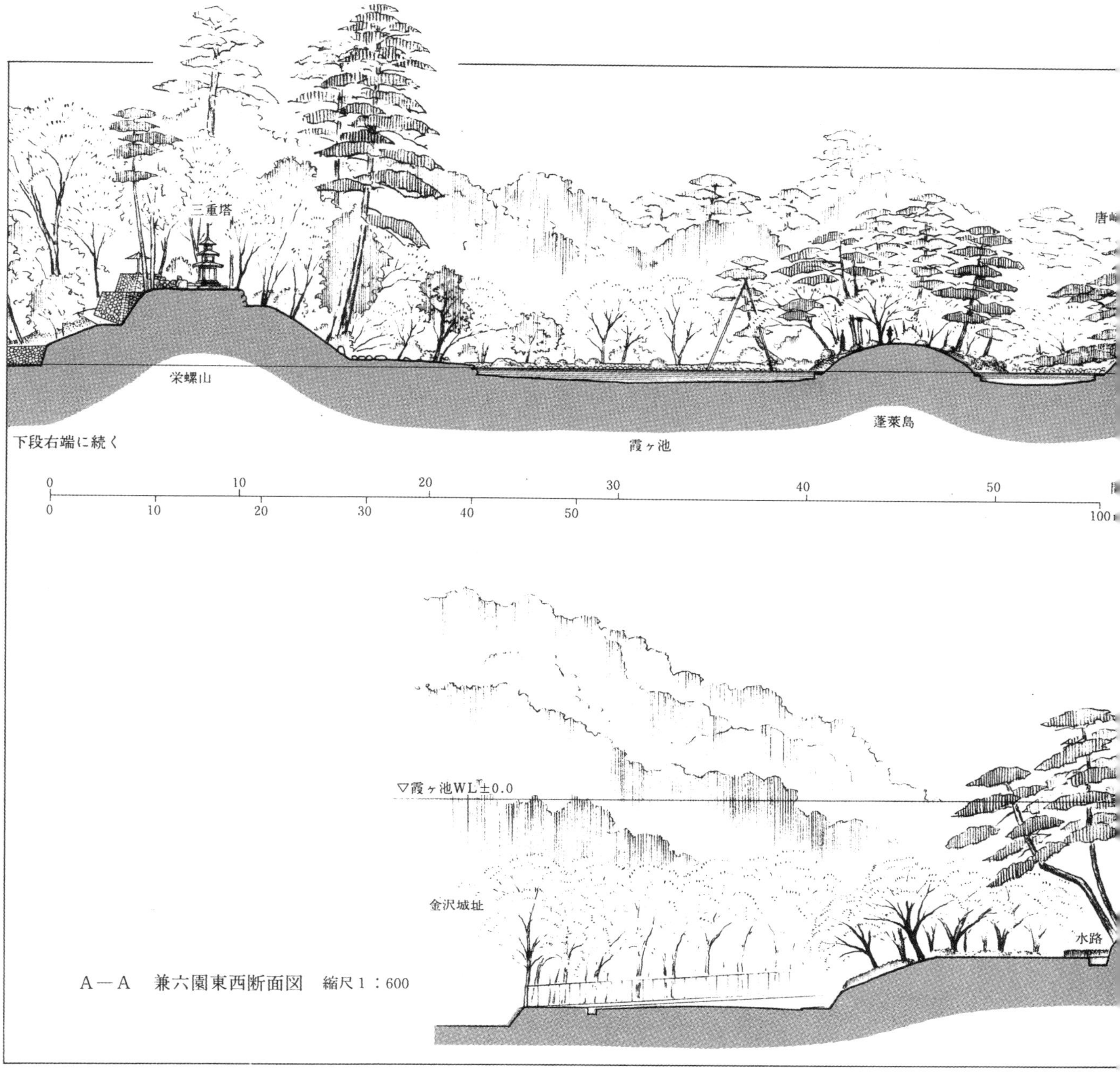

A—A　兼六園東西断面図　縮尺1：600

（一七五九年）在金泽城大火中与金泽城一起化为了灰烬。

十一代治修公两岁出家，法号阐真，后还俗继位。二十七岁时迫于老臣压力，与八岁的女童结婚。也许是为了排解这些事情带来的苦闷，治修公在继位之后便很快投身于了莲池庭的修缮工作了。

安永三年（一七七四年）在经历了三次修改之后终于建成了翠瀑布。此外，还在中岛设置茶屋，在喷泉附近修建高之亭，在那里举行茶会，傍晚时分在海石塔中点上蜡烛，独自欣赏园中美景。

高之亭前后引着流水，流水两侧建有亭台，且以小桥连接高之亭和内桥之亭，此外还有舟板做成的舟之御亭等。

从喷泉处再向南走便看到了一座架在白龙湍上的石桥，名为黄门桥。桥身宽约九十一厘米，长约6.2米，整个桥只用一块石头制成，造型精美，坚固实用。相传是三代利常公成为中纳言时，为了纪念而修建的石桥，因在中国的官位体系中，中纳言相当于黄门，因此在明治时期人们将其叫做黄门桥。此桥是兼六园中最为雄壮美丽的一座石桥。

竹沢御殿

从喷泉处出发，穿过常磐岗和樱岗之间的小路向东行走便来到了兼六园中风景最秀美的眺望台了。南边是在霞池映衬下的虹桥和琴柱灯笼，东北方向是卯辰山丘陵，远处则是医王山、户室山的加贺连峰。

十三代齐广公在霞池到山崎山一带的千岁台地上修建了一座宫殿。齐广公以称病隐退为条件得到了幕府修建御殿的许可，文政二年（一八一九年）开始动工，于文政五年修建完工，同年十二月入住。在这座宫殿中光是能剧舞台就修建了两座，建筑面积四千坪，规模非常宏大。

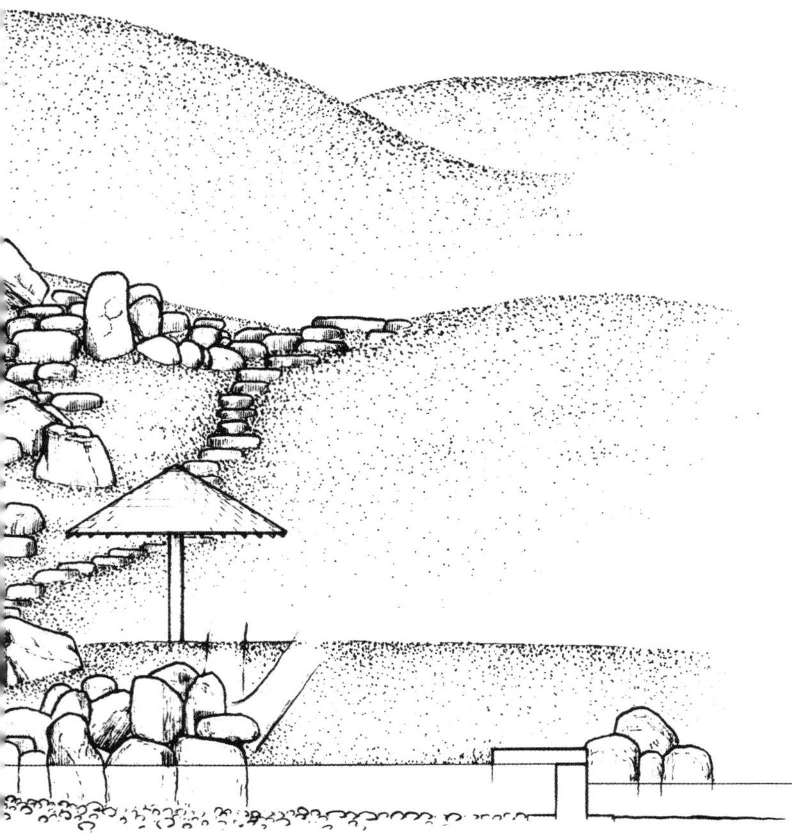

B—B　翠滝石組立面図　縮尺1：100

这座宫殿便是竹沢御殿，御殿周围的围墙有二三重之多，出入口共有三十五个。

从山崎山引来的泉水流经房屋的东北侧，经过各个建筑物，最后流到了现在的雪见桥附近。从那里到雁行桥、月见桥、虹桥一带的流势与现在基本一致。

现在七福神山石组在那时被放置在了书院的前庭。御殿从那里呈雁行排列，分别为小座敷、御居间。从建筑物里观看园中风景，清流和石桥近在眼前，远处是卯辰山等，风景壮阔秀美。

霞池则与现在的样子完全不同，虹桥的西南侧挖有一条细长的河道，中间架有桥梁，与莲池庭只有一墙之隔。

就是在那时松平定信将该园命名为兼六园。松平听闻竹沢御殿和莲池庭的景色后，从《洛阳名园记》中取了这个名字。

齐广公在这里大约住了一年半后便于文政七年去世了。据说当时一直苦恼于齐广公极尽奢华大兴土木的老臣们终于松了口气。齐广公死后，七福神山所对着的书院、寝所、一座能剧舞台被保留了下来，竹沢御殿中的其余建筑物均被移到了别处。

在十三代齐泰公将竹沢御殿移到别处后，又将水流改为弯弯曲曲的曲水，在南边修建了一座胃袋形状的池塘，水路将这座新建的池塘与既有的池子相连接，上面架有桥梁。

现在的蓬莱岛一带在那时还不是池塘，而是御居间的前院，里面放置有假山。

之后，齐泰将松丸太制成的虹吸导水管换成了石制的水管。从天保十三年（一八四二年）开始，陆续对整个园林进行了改建。此外，修建喷泉的也是齐泰。

曲水

观赏完琴柱灯笼之后，漫步前行，右手边是霞池和美丽的唐崎松，沿着霞池的源头

溯流而上。一边散步，一边欣赏沿途风景各异的月见桥、雪见桥、雁行桥。

河流到了雪见桥上游后，向西转去，呈马蹄形。其间种植有乙叶松、菊樱等珍贵木种，然后再穿过千岁桥和花见桥。

岛位于溪流中央，岛上还有一块阴阳和合的石组。

这一带的溪流是齐泰将竹沢御殿改建为成巽阁后所挖掘的。

人们将山崎山入口到虹桥一带的溪流称为曲水。这条曲水是一条长约五百七十米左右的清流。一年之中开有菖蒲、燕子花等。

兼六园的特色在于，将辰巳水这股宝贵的清流贯穿于园中的每个角落，游人可以随时随地与溪水亲近。为此，设计者修建了这样规模庞大的曲水，此外，为了衬托水景的美丽还修建了各式各样的桥。

另一大特色自然是园中有很多珍贵的树木，而且这些树木的造型都很优美。

金泽的雪中水分较多，因此树木很容易被积雪压断。为此，人们给树木装上了雪吊，还尽量除去雪中水分，以此保护树木。而这也成为兼六园冬季一道独特的风景。正是因为有公园管理者的诸多细心不懈的努力，才使得兼六园能如此美丽。

成巽阁飞鹤庭

幕末时，幕府的交替参觐制度逐渐宽

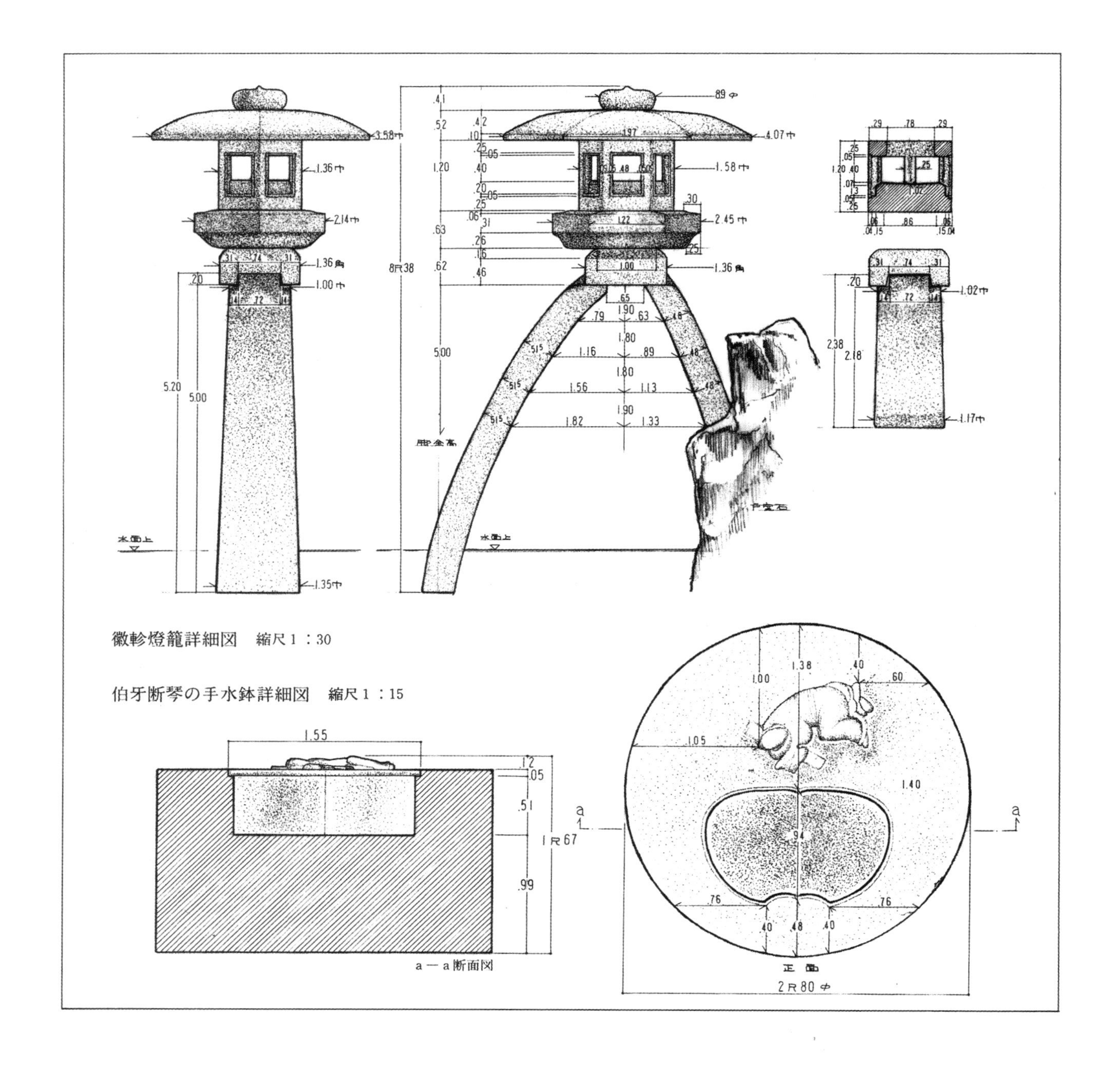

徽軫燈籠詳細図　縮尺1：30

伯牙断琴の手水鉢詳細図　縮尺1：15

松，在江户做为人质居住的藩主夫人等家属被允许返回藩地。加贺藩的齐泰夫人和十四代庆宁夫人等也在那时返回了金泽。

齐泰的母亲真龙院在齐广死后削发，六十二岁时回到金泽，住在二丸。夫人们回到金泽后，便需要为真龙院找一个隐居之所。于是，齐泰将位于兼六园一隅的竹沢御殿进行了翻修。因该殿位于金泽城的东南方，因此被称为巽新殿，真龙院于文久三年（一八六三年）移居于此，直到明治三年（一七八〇年）去世，一直住在这里，享年八十四岁。之后人们将巽新阁改名为成巽阁。

成巽阁中以清香轩、清香书院为中心，建有飞鹤庭、万年青庭院等。

其中，位于谒见间后的茶室清香轩露地最具特色。

茶室有大小两个门，两个门的直角交汇处搭有雨罩，地面是泥地，上铺设飞石。

从辰巳水引来的水被做为遣水，流入角柱内侧，成为了『流动的手水』。冬季，即使关上窗户，也会从谒见间的板廊下流入，成为手水，结构十分精巧。

相传清香书院前的六地藏立式手水钵是后藤程乘所作。此外，清香轩前遣水对面的六地藏尊的石灯笼也成为了飞鹤庭青青苔藓中的一大亮点。整个风景画面十分柔和。

（园林家）

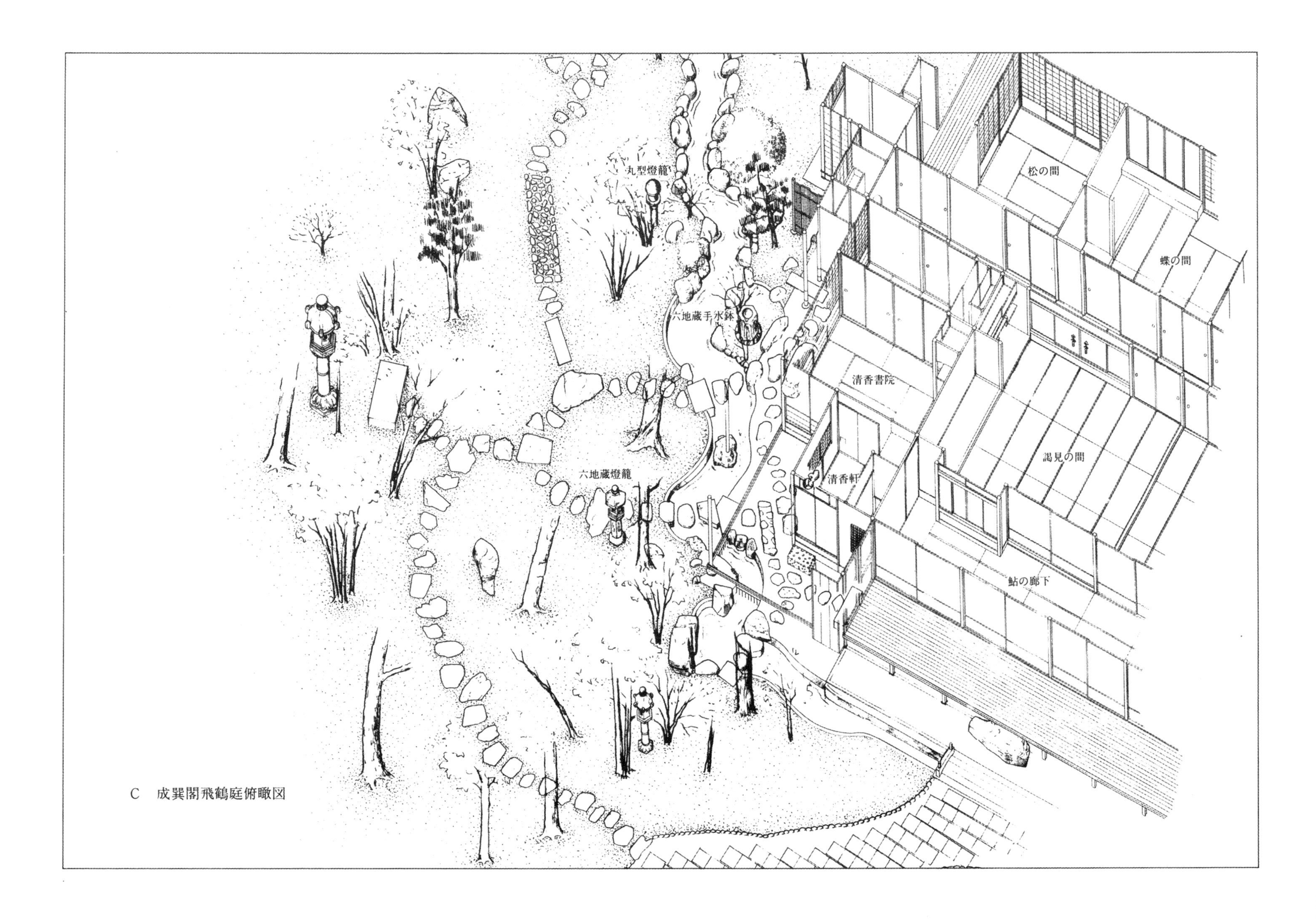

C　成巽閣飛鶴庭俯瞰図

一乘谷朝仓氏遗迹

乱世之梦的重生

天正元年（一五七三年）八月，败于织田信长的朝仓义景因同族景镜的背叛最终自杀。从朝仓家初代孝景（敏景）在一乘谷修建城池以来，已历经五代。百余年时间，朝仓家经过以下犯上的乱世，成为了越前的一大枭雄，而此刻朝仓氏在此灭亡了。

遗迹沉睡的故里

而当时的城市也早已灰飞烟灭，只有留存在山谷中的石佛、园林遗迹讲述着这个曾经被称为『小京都』城市的繁华。

如同为朝仓氏祈求冥福一般伫立于盛源寺的石佛。

冬天的一乘谷。从山脚下眺望远处的武家聚居地遗迹和一部分复原建筑。

特別史跡
一乗谷朝倉氏遺跡

朝仓馆遗迹的春天。朝仓馆烧毁之后在原址上修建的朝仓氏菩提寺，松云院的唐门被保留在入口处。

相传一乘谷园林遗迹中的诹访馆是义景为其妻子小少将修建的，园中留有大量制作精美的石组。

诹访馆遗迹

深受义景宠爱的小少将虽然育有爱王丸，但随着朝仓氏的灭亡，母子二人也同样遭遇了不幸，而这座园林也逐渐被世人遗忘。大约四百年之后，经过挖掘修缮，重新展现在世人面前的诹访馆遗迹仿佛像来客诉说着痛失主人的悲哀。

诹访馆遗迹出土的石鬼。该石制品被作为驱魔除妖之物装饰在屋檐上。

西山光照寺遗迹中的石佛。一乘谷中有大约三千多石制文物。▶

诹访馆遗迹园林中的龙添石。朝仓氏灭亡之后刻在石头正面的二代氏景、三代贞景、四代孝景的法名。

瀑布石组。园林由上下两段构成，上部石组处曾经有瀑布流经，现在已经干涸了。

瀑布石组和池泉石组构成的景观。这是五代义景为其妻子小少将建造的园林，明快华丽。

从山脚回看园林。近处是上部石组。

瀑布石组对岸的护岸石组。

架在池泉上的石桥。

秋天的诹访馆遗迹园林。色彩鲜艳的枫树为园林增添了一抹亮丽的色彩。

冬天的诹访馆遗迹园林全景。

走进朝仓馆遗迹仔细地欣赏整座园林。园林虽然规模不大，但从园中摆放的精致石组也能感受到当年与首都交流极其频繁的一乘谷文化。

从诹访馆遗迹到汤殿遗迹

其中御殿遗迹中的基石和园林石、南阳寺遗迹中的瀑布石组等都让人回想起朝仓为迎接公方足利义昭而设立宴会的情景。汤殿遗迹中巨岩怪石林立，有一些已倾斜、倒塌，这也正和朝仓氏穷途末路的命运相重合，石头也仿佛叙述着盛极必衰的道理。

朝仓馆遗迹中的石板路。

诹访馆遗迹园林的上部石组。▶

朝仓馆遗迹园林、茶室前的石组。这些精致的石组显示出了当时朝仓氏与首都交流的繁荣景象。

朝仓馆遗迹园林的瀑布石组。

朝仓馆遗迹，瀑布石组前的巨大护岸石组让人联想到了荒凉海岸的石块。

修建成排水渠式的朝仓馆遗迹中的排水沟护岸石组。图片右上角为花坛的遗迹。

中御殿遗迹，相传为义景母亲高德院居住的地方。雪地中裸露出来的砂研为池泉庭遗迹。

中御殿遗迹傍晚时的景色。从仅剩的基石和园林石块，人们也可想象出当时殿堂的样子吧。

雪中的南阳寺遗迹园林、石组全景。义景为了迎接足利义昭的到来，修建了南阳寺，并在寺中设立赏樱花的宴席，现在也只剩下这些石组了。

南阳寺遗迹园林的瀑布石组。▶

寒冬被冰雪覆盖的汤殿遗迹园林。

早晨，从南边欣赏汤殿遗迹园林。照片正中，干涸池泉的中岛令人感受到废弃园林的哀伤。

造型豪放的瀑布石组。

汤殿遗迹园林正面。奇岩怪石林立的石组显示出了战国武将的刚胆侠气。

汤殿遗迹园林，屹立园中的出岛风石组令人联想到了龟头石。

瀑布前的鹤石组中岛。

将中间的远山石作为本尊的三尊石组。

从中御殿遗迹眺望远处黎明前的汤殿遗迹园林。薄雾中若隐若现的庭石让人联想到了镇魂的石佛。

一乘谷的月亮。月明之时轮廓渐渐清晰起来的汤殿遗迹园林。

战国城下町的园林

藤原 武二
福井县立朝仓石遗迹资料馆馆长

战国大名朝仓氏历经五代百余年在一乘谷建立了山城和城下町，极尽繁华，被称作是北陆地区的小京都。在东、南、西三面都被小山环绕着的狭小山谷间，人们建设了一座繁华的城下町，宽阔的街道纵横交错，道路两侧的武家居住地、町屋以及寺院整齐排列。

在山谷之外，曾经历过几次与织田信长军队的交火，直到天正元年（一五七三年）平泉寺众徒反叛为止，一乘谷都远离战火，人们在那里过着和平富足的生活。来自京都的学者、公家、高僧、连歌师等诸多文化名人给这个地方带来了各种先进文化。这里的文化如此繁荣或许也是因为人们想要在当时刀光血影的乱世中，通过无数的石佛、园林、游艺，寻求内心的安宁吧。

茶道、插花、香道、连歌、猿乐、园艺等当时在京都流行的各种文化消遣很快便传到了一乘谷。从一乘谷遗迹中出土了大量中式及濑户风格的茶叶罐、天目茶碗、茶叶壶等碎片，这也充分说明了这里的人对于茶的热爱。从文献当中可以知道朝仓氏一族收藏了大量奇珍异宝，东京的五岛美术馆便收藏了五代义景收藏的造型优美的茶桶『朝仓文琳』以及茶桶袋『朝仓间道』。

从现场发掘也可看出茶道的举行正从书院风格的广间变到了小间。茶室面积为八张或四张半榻榻米大小，没有窝身门，而是直接从走廊进入。走廊前是朴素的枯山水庭院。荞麦茶碗、鱼屋茶碗、插一支花的挂式花瓶、手水钵等出土文物已显示当时的茶道在向草庵风质朴的茶道文化发展。

在人口密集的武家居住地等区域，人们利用围墙间的狭小空间，铺设砂砾，建造成了小型园林。从中人们还发掘了用敦贺产的花岗岩铺设成的枯山水园林。这大概是受京都白川砂铺设的枯山水石庭的影响吧。

城主及其他贵族拥有雄厚的实力，不仅扩建了住宅规模，还建造了许多奢华的林泉园林。汤殿遗迹园林的主人据推测为四代孝景，从园中所用的巨大山石制成的大型园林石组可以感受到战国武将的豪迈气势。雾霭之中犹如石佛般林立的立石群与周围幽邃的环境相呼应，将我们带入到了幽玄的世界中。

义景的诹访馆遗迹园林虽然豪华但建筑风格上却没有特别之处。从中也可看出园林主人义景将一切都交给园林师，自己则不参与的消极性格。但这座园林在之后的岁月中并未被重修、改动，很好地保留了战国时代园林样式和建造方法，从这一点看，这座园林在学术研究方面极具价值。

见证了朝仓氏繁荣、衰败的园林石好像也在向我们诉说着什么。游人可以通过一乘谷园林遗迹缅怀遥想当年战国时代的景象。

战国武将的哀乐

昔日的倩影

水上 勉

一乗谷を上空から望む

欣赏一乘谷朝仓氏遗迹的諏访馆遗迹园林、朝仓馆遗迹石组等，会感觉到这个园林规模很小。前来参观的游客会认为，朝仓敏景在一乘谷耗费了百年时间建造城堡并君临统治这一地区，园林的主人如此实力雄厚，他的宫殿、园林一定会规模更大一些，但眼前的一切却和预料恰恰相反。整个一乘谷朝仓氏遗迹规模并不算大。但从本馆遗迹到諏访馆遗迹这一路走来，细细观察或高或矮长满青苔的石组、以及架在池塘上桥梁石头的纹理，会感觉到裹挟着黑暗、血腥的风阵阵吹来。房屋间的布局也很紧凑，只要有人在这个房间喊一声，听到的人便可以立即从别的房间赶到。整个村庄连接也很紧密，村庄对面是大山，中间隔着一乘谷川，村庄便位于旁边的盆地中。从这样的布局中我们也能够依稀勾勒出战国时代人们生活的景象。领主在一乘谷这样狭窄的地方修筑城堡，装备武器、甲胄、刀剑等，家臣服侍左右，一群族人在这里定居，一起辅佐首领。这一切都只是我的推测，越前虽然在当时是一个大国，但领主却将自己的城堡修筑在深山之中坚不可摧的山谷中，这就好似女郎蜘蛛一般铺开巨大的蜘蛛网，做好了攻守准备。这一百年间朝仓氏一定经历了不少战争。

像一乘谷朝仓氏馆、园林遗迹一样令人思绪万千的宫殿、园林遗迹在全国范围内也很少见。在日本虽然有很多战国史迹，但绝大多数宫殿、园林在后世都有很大改变，换言之，在进入江户时代之后，很多布局、规模都发生了变化，但朝仓氏遗迹却并没有改变，这一点很是难能可贵。

下城戸

朝倉敏景(孝景)の墓 英林塚

朝仓一族在义景的时代，天正元年（一五七三年）的一天遭遇信长军袭击，逃离了一乘谷，后又在大野被叛军景镜一族杀害。一乘谷在那时被平泉寺的僧兵占领火烧。因为朝仓氏一天便灭亡了的缘故，所以宫殿园林便无人管理了。当然也并不是完全没有人在那里居住。叛军景镜居住在大野，之后深得信长信赖的桂田长俊便住在一乘谷的城堡中了。但桂田不久之后被谋反者富田弥六杀害，富田又在本愿寺起义中被攻打灭亡，在经历了这一系列短暂的战乱后，越前最终被柴田胜家所平定，战国最终画上了句号。

一乘谷便成了朝仓一族兴亡和反叛者争城夺池的舞台。大致算来，截止元龟・天正（1570 ~ 1592 年）的大战战败，享尽荣华的越前领主一生波澜壮阔，而这一切都已尘封于狭窄的山河之中，留存至今。

破败不堪的园林、宫殿城墙掩埋在泥土之中。考古学家对遗迹进行发掘整理，复原成了现在的样子。驻足于遗迹之中，周围的群山、绿树还如同往日一般，让人感觉血雨腥风中的战国之人将要从诹访馆等宫殿园林中的石组后跳出一般。义景曾经宠爱的二位妻子，鞍谷的小宰相、齐藤兵部的女儿小少将的容貌也依稀浮现了出来。

义景的动摇

朝仓氏最后一代领主义景的一生最能代表这个家族的荣衰。义景初为领主时，一乘谷还处于繁荣盛世。京都的高雅文化不断传到这里，很多学者、绘师也前来游玩。义景也派遣了诸多工匠、园林师到京都学习各种技能，不断追求风雅。当时一乘谷被称为小京都。

但不久，将军义辉在京都被松永三好联军所谋杀，室町幕府政局陷入动荡之中，当然动乱也波及到了越前，其中的重要人物便是义辉的弟弟义昭。义昭从奈

武家屋敷跡庭園

良一乘院出家后还俗，在京极、一色、细川等扶持下企图光复幕府统治，北方实力雄厚的朝仓氏便成了他所要依靠的力量。为义昭与朝仓氏之间牵线搭桥的便是明智光秀。

义景为了迎接义昭的到来，最初让义昭居住在金崎城堡，之后很快在诹访馆北边的安养寺修建了一座御所，也就是今天的汤殿遗迹至再往里的山脚下一带。义昭在这里暂且居住了下来，并且生活非常奢靡，与随行的细川、一色等人日夜寻欢作乐，观看能剧表演、射箭、摆酒宴。

据《朝仓始末记》记载，义景为了欢迎义昭的到来花费了大量金钱，献上的土特产、衣料等堆积如山。明智光秀之所以将义昭带到这里，目的是想让朝仓拥护义昭重新打回京都。但义景却拒绝了。义景虽然可以热情地迎接公家的到来，却表明了没有能力一同攻打京都。理由是，朝仓家自古以来便与加贺一带的边境摩擦不断，死伤很多。如果协助义昭攻打京都，边界防守力量便会薄弱。而加贺也在本愿寺建立了独立政权，摩拳擦掌，正伺机统治越前地区。

义景的这种暧昧态度令义昭非常恼怒，于是他写信给上杉、武田等人催促他们赶快来京，但一直没有得到满意的答复。因此他又极力撮合本愿寺与朝仓和好，但也未能成功。失去耐心的明智光秀又前往尾张，探听织田信长的意向，信长表示了对于义昭的欢迎，信长认为被朝仓抢先到京都的话反而会更麻烦。信长一直以来都伺机攻占京都，统一天下，对于拥有这样野心的信长来说，义昭无疑是一个绝好的理想将军。虽然义昭没有兵力，但却如同一面天下道义的大旗。最终义昭决定前往尾张。这样一来也决定了朝仓氏之后的命运。

义景将闷闷不乐的义昭送往边界，交与了盟友小谷浅井，自己独自返回一乘谷。而去往尾张的义昭得到了信长的庇护，不久歼灭了六角，与信长一同入京。叛军松永、三好被处置，义昭成为了十五代将军。这样昭仓义景就被信长抢先了一步。

一乘城山千叠敷出土石鬼

女人们的怨灵

但不久之后信长即将义昭赶出了京都，并且将越前的义景看作一大仇敌进行讨伐。义景于是与一直以来的盟友小谷浅井联合起来在近江姊川迎战，但不幸战败。紧接着在天正元年，与石山本愿寺、甲斐武田、浅井等结成联军，虽然为时已晚，但打着拥护义昭的名号声讨信长。不幸的是，七月时武田信玄病逝。信长乘势击败小谷，随后又进攻越前。义景虽然奋力迎战，但正如前文所述最终被景镜在大野杀害。这其中也与倒戈信长军的家臣遗迹平泉寺一伙人的背叛有关。义景一生坎坷，除了被亲信出卖，还有另一大不幸，那便是家庭问题。

义景最初的妻子出生于越前的上流家庭鞍谷少将，这个名为小宰相的女人为义景生下了一个儿子，名叫阿君丸。由于是独生子，阿丸君备受宠爱，但最后却被人毒害了。那时恰逢公方义昭在安养寺。《朝仓始末记》中是这样记载的：

『领主独生子阿君丸的乳母某日突然去世，人们都说是有人毒害。阿君丸因为喝了乳母的奶，当天晚上开始发病，领主命谷中灵验智慧的高僧祈福，又下令国中的良医治疗，尝试了很多种药草，都未能治愈，阿君丸离开了人世。』

这是一件非常令人悲伤又恐怖的事情。本应尽心服侍养育领主独生子的乳母不知被谁毒杀，而喝了乳母奶的阿君丸也随之死去。整个事件犹如大奥宫廷故事般扑朔迷离，朝仓氏馆有很多服侍义景的女人，如果这些人想要杀死鞍谷少将的女儿的话，义景认为自己将成为下一个目标，整个后宫充斥着血腥的阴谋。义景在经历了这一事件后也很消沉。明智多次劝说其进京，但义景总是一副愁眉不展的样子不肯答应，恐怕也与发生的这些家庭事务有很大关系吧。与此同时，义景开始查找杀害阿君丸的真凶。

『抓获了服侍义景夫妇的四五个女官，在神前架起一口大锅，劈了柴火，烧

出土品 越前焼の大甕

出土品 中国製陶磁器

开了水，黑烟冲天，水烧开的声音如同咆哮的大海般震耳欲聋。将几个女官押上前来，武士立在一旁责问，犹如地狱火焰般，将几个女官烧死了。』

《始末记》的作者所描绘的处决犯人的场面非常恐怖。但即便凶手被绳之以法，义景的心情仍没有太大好转。义景渐渐地对女性越来越失望了。他命令自己的心腹之人福冈为其四处物色女人。

但没有一个女人合义景的心意。这些女人全都被死去的乳母、被火烧死的女人们的怨灵所诅咒了。为此义景为了新的女人又重新修建了房屋。『挖地三尺，将土抛到城外，然后将新土运回来』，重新修建，因为女人们害怕住在用怨灵依附的土修建而成的房屋里。但即便做了这些，这些女人仍旧不被义景信任。义景越来越慌张，并派福冈在全国范围内网罗美女。

不知带来过多少人，福冈最终将齐藤兵部少辅的女儿小少将带到了义景身边，小少将当时仅有十九岁，是一个非常有才气的美女。义景也熟识齐藤兵部，知道他是一位能干的家臣。小少将本人容貌端庄，脾气性格也很符合义景的喜好。因此，义景为了迎娶小少将便专门修建了诹访馆。

不久之后小少将便怀有了身孕，义景非常高兴，带领部下到山谷中非常灵验的寺庙中参拜，为小少将祈祷平安生产。

京都文化的熏陶

如上文中所引用的一样，《朝仓始末记》的作者运用夸张的描述记录下了这些历史，从中我们也可以大致猜测出朝仓领主当时生活的样子。现在我在参观正殿遗迹、诹访馆遗迹园林的石组时，会从这些面积不大的遗迹当中感觉到一丝寒气，这也许是因为我想到了与义景有关的一些恐怖的事情吧。仿佛从泥土中吹来了被火烧死的女人所带有的血腥的风。但如今，在五百年前女人们曾流血的土地

朝倉館復原模型

上，仿佛讲述着昔日宫廷的石头整齐地排列着，小少将曾经登上过的缓坡也被重新复原，朝仓氏馆此刻阳光普照，静静地伫立于碧空之下。

遗迹保存会发布的发掘调查报告中有一张《馆迹推定复原图》。站在一乘谷遗迹中，仔细研究这幅图，我仿佛能够依稀勾勒出义景曾经度过苦闷每一天的宫殿全貌。从正殿出来，穿过几处长廊便来到园林中，不远处便是诹访馆了。此外，众多的出土文物也为我们还原了当时的生活情境。其中还有不少公方义昭随行人员带来的具有京都特色的装饰品和生活用品，十分耐人品味。但这些出土文物都在天正元年朝仓氏灭亡时被掩埋在了地下。也正是它们被掩埋在地下的缘故才得以保存至今。

朝仓氏遗迹是什么时候被泥土所掩埋的？历史书籍中曾记载，天正元年义景逃往大野之后，朝仓馆被平泉寺僧侣放火烧毁，城中居民也都四处逃散，此时盗贼横行。但这之后朝仓馆遗迹经历了什么却并没有详细的描述。桂田长俊强占朝仓馆的时间很短，富田也一直在武生，一乘谷在朝仓氏灭亡后恐怕便被掩埋于荒草之中，任其荒芜了吧。之后的平定者柴田野并没有住在一乘谷，而是修建了『北庄』。

来到一乘谷遗迹后我思考了很多，最初参观的时候我将这座城池想象为一个大型蜘蛛网，但现在看来一乘谷遗迹正是战国这个特殊的年代中的军事要塞。朝仓氏初代时居住在北庄那里的黑丸城，但到敏景的时代便迁居到了一乘谷，从那时起便和加贺接壤。居住的城池为何选址在深山之中呢？敏景将国中之人安置在山谷里，遇有战争派兵前往边境，战争结束便很快返回山谷。虽然朝仓氏也有外城，但却不在那里设置兵力。这是一种很有名的布兵策略。依靠这一点，一乘谷一直国泰民安，直到义景一代，很少有外敌来犯。谷内大家生活非常和谐，一族大家庭在生活的同时，享受着京都文化的润泽。谷中还有神社、寺院。朝仓氏历代领主经常出入京都的花之御所，深得将军宠爱，领主们每次前往京都返回一乘谷的

和暦	西暦	一乗谷朝倉氏遺跡庭園関連年表
応仁 元	一四六七	一月、応仁の乱おこる。細川勝元の東軍、山名宗全(持豊)の西軍と争う。
文明 三	七一	五月、朝倉孝景(敏景、一乗谷初代)、西軍から東軍に寝返る。将軍足利義政より越前守護に任ぜられたと伝えられる。
文亀 三	一五〇三	四月、敦賀郡司朝倉景豊、反乱を起こす。三代貞景これを滅ぼす。
	〇六	七月、加賀一向一揆の大軍、九頭龍川以北に侵入。貞景、これを撃退する。
四	〇七	八月、一向宗徒、再び侵入するが敗退する。
大永 七	二七	十一月、四代孝景、将軍足利義晴の求めで一族朝倉教景を京に出陣させ、義晴を支援する。
永禄 八	六五	五月、松永久秀、将軍足利義輝を殺害。弟義昭を攻撃する。
九	六六	八月、義昭、若狭武田氏を頼り、ついで越前に朝倉氏を頼る。
一〇	六七	十月、義昭、一乗谷安養寺に移る。十一月、義昭の仲介により、一向一揆と和睦。十二月、義昭、朝倉館をはじめて訪ねる。
一一	六八	三月、義昭、義景の母を二位の尼に叙し、その館を訪ねる。同月、義景、義昭を南陽寺に招き、花見の宴を行う。四月、義昭、朝倉館で元服の儀を行う。七月、義昭、一乗谷を去り、織田信長を頼る。九月、信長、義昭を奉じて入京。十月、義昭、征夷大将軍となる。
一二	六九	この頃、義景、小少将を妻とする。小少将の館と伝えられる諏訪館、この頃の築造とおもわれる。
元亀 元	七〇	四月、信長、朝倉氏を攻め、手筒山、金ヶ崎城を落とす。浅井氏の寝返りにより、信長、撤退する。六月、信長、近江姉川で朝倉・浅井氏と戦う。
三	七二	七月、信長、浅井氏を近江に攻める。義景、救援に向かう。
天正 元	七三	二月、義昭の策動により、朝倉・浅井・武田氏と本願寺が信長を攻める。七月、信長、義昭を追放し、室町幕府、滅亡。八月、義景、浅井氏救援のため近江に出兵し敗北。一乗谷から大野六坊賢松寺に逃れるが、一族朝倉景鏡に裏切られ自刃。朝倉氏滅亡する。一乗谷も放火により焼亡。信長、桂田長俊を守護代に任じ、一乗谷に配す。信長、浅井氏を滅ぼす。
三	七五	八月、信長、越前を再征、一向一揆を滅ぼす。九月、柴田勝家、北の庄に入城。
一一	八三	四月、柴田勝家、羽柴(豊臣)秀吉に敗れ自刃。
慶長 五	一六〇〇	十二月、結城秀康、北の庄に入封。福井藩はじまる。
昭和 五	一九三〇	七月、朝倉館跡、湯殿跡、諏訪館跡、南陽寺跡、西山光照寺跡、史蹟と名勝に指定される。
四二	六七	湯殿跡庭園、諏訪館跡庭園、南陽寺跡庭園の発掘整備を開始。翌年、朝倉館跡の発掘整備を開始。
四六	七一	七月、山城跡を含む二七八ヘクタール、特別史跡に指定される。
五六	八一	八月、福井県立朝倉氏遺跡資料館開館。

时候都会带回京都的特产来装点一乘谷中的宫殿。这也便是人们会在山谷、宫殿遗迹中感受到京都文化气息的原因。

我被遗迹保存会认真保存宫殿遗迹、并制作复原图展示给游客的认真精神所打动了。与此同时，我仿佛也看到了义景所身处的当时的地方领主文化环境和烦恼不断的个人生活。

无常之感

以上是我游览一乘谷朝仓园林后的一些感想，此外，我的另一个感受是，不论是诹访馆遗迹，还是南阳寺遗迹园林都给人一种寂寥之感，或者可以说是十分寂寞。诹访馆之前的主人为小少将。义景死后，小少将被木下藤吉郎掳走，民间有人传言小少将母子二人被烧死在了今庄堂，也有人说烧死的是儿子和祖母，母亲小少将做了藤吉郎的妾或者尼姑，总之结局凄惨，红颜薄命。看过如此命运悲惨之人所住过的园林遗迹后，情绪低沉也不足为奇了。在游览南阳寺时我也有同样的感觉。据说义昭在这里居住时，寺中有一棵很大的垂樱树，非常美丽。义景在这里设宴迎客，举办歌会。

南阳寺遗迹园林中残存的石组、池塘遗迹等已破败不堪，以至于人们已无法从这些断壁残垣中缅怀往昔的历史，这样也就更加重了这种感伤之情。

但这样寂寞的园林也好，这应该也是合乎情理的吧。如果很久之前的领主所住的府邸还金碧辉煌地保存至今，园林中白砂青松一切打理得有条不紊，与旧日没有两样，这样也

朝倉義景の墓

会给人一种不太舒服的感觉吧。痛苦、烦恼、被人出卖，既然是灭亡了的朝仓义景的住所，就应该保持灭亡时的样子，让人感受到诸行无常。而历史也在向我们讲述着这些。

我之所以描述这种无常之感，是因为还有一处与一乘谷园林遗迹很相似的庭院，那便是位于近江朽木在的旧秀邻寺园林，我同样喜爱那里的寂寞。旧秀邻寺园林是足利将军最终流亡之地，历史悠久，庭院之中仅存几座石桥和几块石组，一旁是一棵山茶花树还有一株松树，风吹来，叶子沙沙作响。整座园林破败而又寂寥，仿佛被世人忘却了一般。我在南阳寺与诹访馆遗迹中感受到了这种久违的寂寥之情。也许是因为公方义昭曾在这里居住过的原因，这种寂寞之中有一种不可思议的阴暗，又有一种无法言说的光芒吸引着我。

我对于园林美学一无所知。也不知道那是什么回游式园林，什么时代建造的园林样式等基本知识。但伫立于园林之中，我同样能感受到缅怀历史、神驰古时的喜悦，也没有丧失感受寂寞的能力。原本园林就是依据主人的喜好，召集园林师、工人建造而成的吧。义景快马加鞭地建造诹访馆，园林也只是为了讨取一个女人的欢心。如果是这样的话，在欣赏一乘谷遗迹时若不曾想到过这里的一草一木都鉴证了义景与小少将曾经度过的短暂夏日、酒宴，不是有些悲哀吗。一乘谷遗迹美术方面如何，园中石组如何分析等问题就交由学者来研究，我们普通游客只要耐心倾听内心的声音，细细品味战国武将的哀乐人生就足矣。

（小学馆刊《探访日本的园林》第九卷所收〈驻足一乘谷〉有所增添）

（作家）

庭园解说 一乘谷朝仓氏遗迹

斋藤 忠一

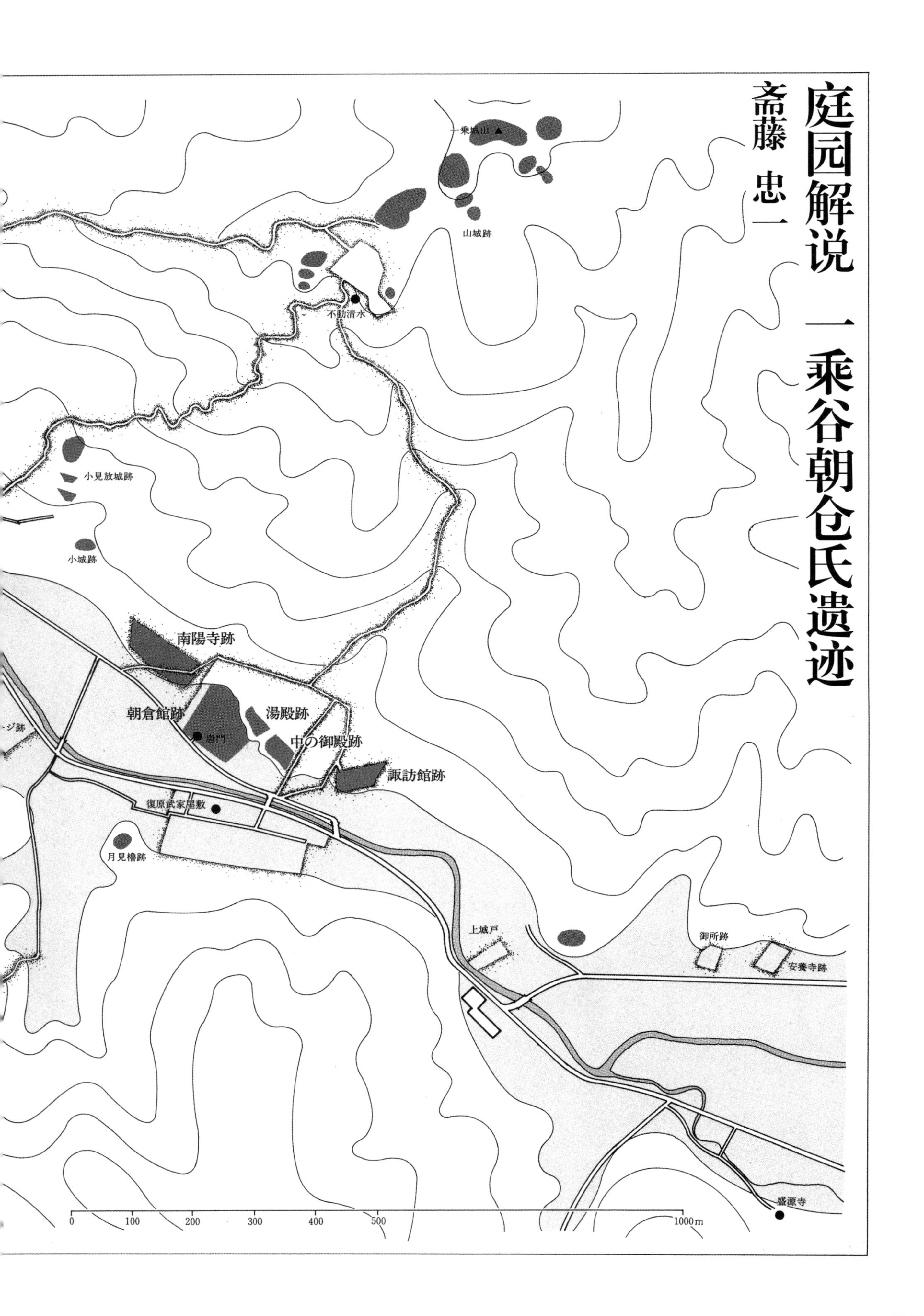

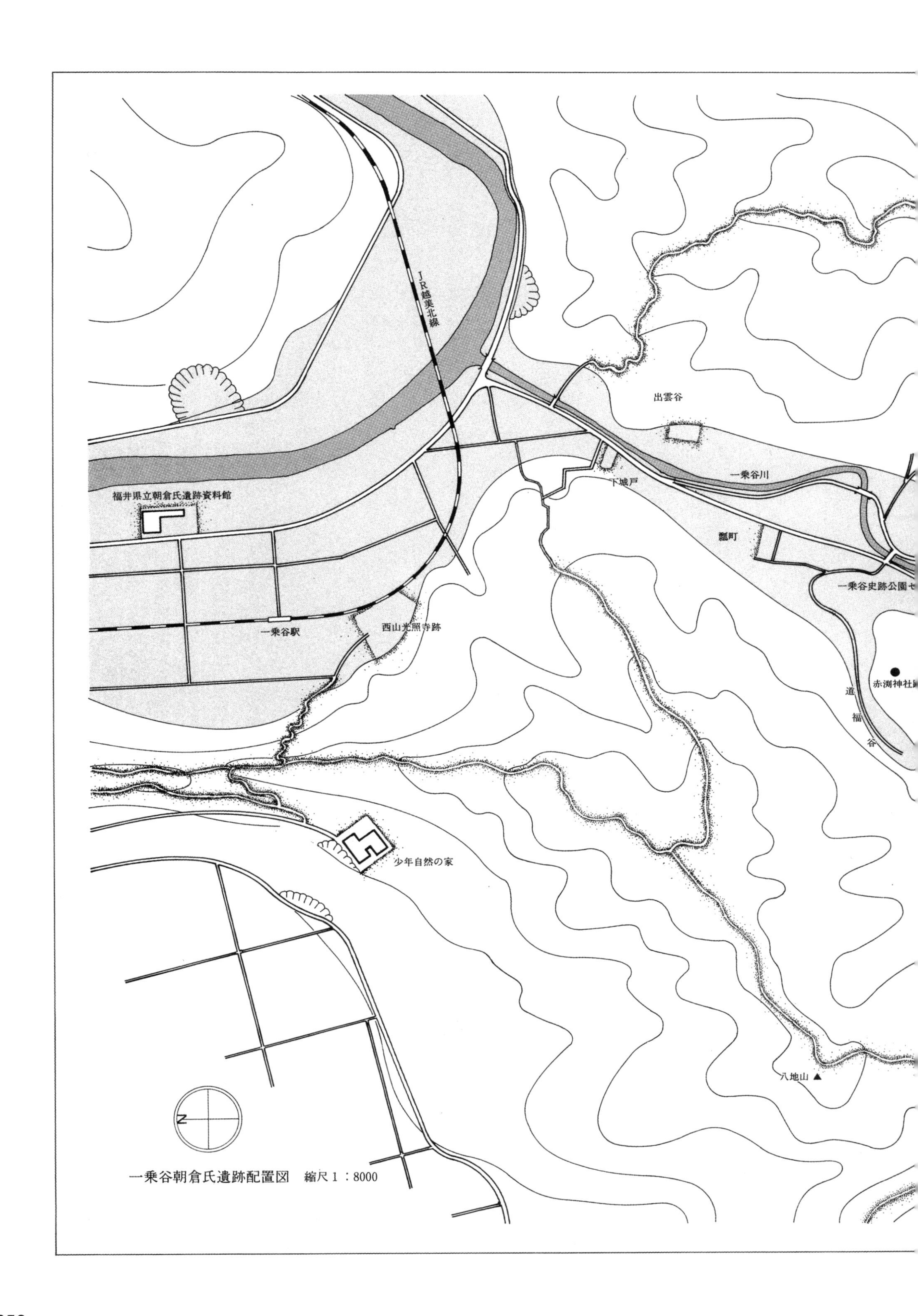

一乗谷朝倉氏遺跡配置図　縮尺1：8000

朝仓氏遗迹资料馆

足羽川曲曲折折，流至福井平原后与自南向北流来的一乘谷川成直角汇合。两条河流汇合点向南两千米处是一乘谷川流经的山谷平地，这里便是朝仓氏的城下町——一乘谷遗迹。

遗迹遍布一乘谷全境，但遗迹中心是从下城户到上城户一带城户内。城户内的意思是城门内侧，这里从初代孝景（敏影）以来绵延五代百余年，一直是城下町的中心。

考古学家从昭和四十二年（一九六七年）起便对朝仓氏遗迹进行发掘，从中出土了大量生活用品。展出这些出土文物的便是朝仓氏遗迹资料馆。

资料馆位于两川汇流的下游。进入一乘谷之前，这个景点是必去的地方。展出的文物很好地再现了当时的生活情形。在此基础上，再进入一乘谷，观看发掘整理之后的遗迹，便会对当时的历史状况有着更为具体的把握。像这样在游览了城下町的全貌后，再到朝仓氏园林，便如同穿越时空隧道一般，眼前所看到的一切才会更为生动。

朝仓馆遗迹园林

朝仓馆遗迹坐落于一乘谷川的右岸。朝仓馆遗迹在一乘谷所有建筑中规模最大，占地面积为六千五百平方米。遗迹东侧为山，山顶为城山。朝仓馆北、西、南三侧垒有土墙，外侧则挖有护城河。西边开有正门，北边是后门，南边则建有中门，每座门外的护城河上都架有桥梁。现在的唐门大约是之前西边的御门。

庭院建在东侧的山脚下。园中有五段式的瀑布，右手边是高约两米的瀑布添石，成为园林中的中心石。

中心石的顶部和左侧部分的裂纹显得十分刚劲有力。石头顶部的裂纹让人联想到高山的变迁，而左侧的裂纹则犹如瀑布落下时的峭壁。

园林中心有如此巨石，而且石头上充满变化与情趣，真是非常巧妙的设计。

瀑布之水从上面的山腰处蓄水池引出，并且在山坡上修筑水稻形状的水路引

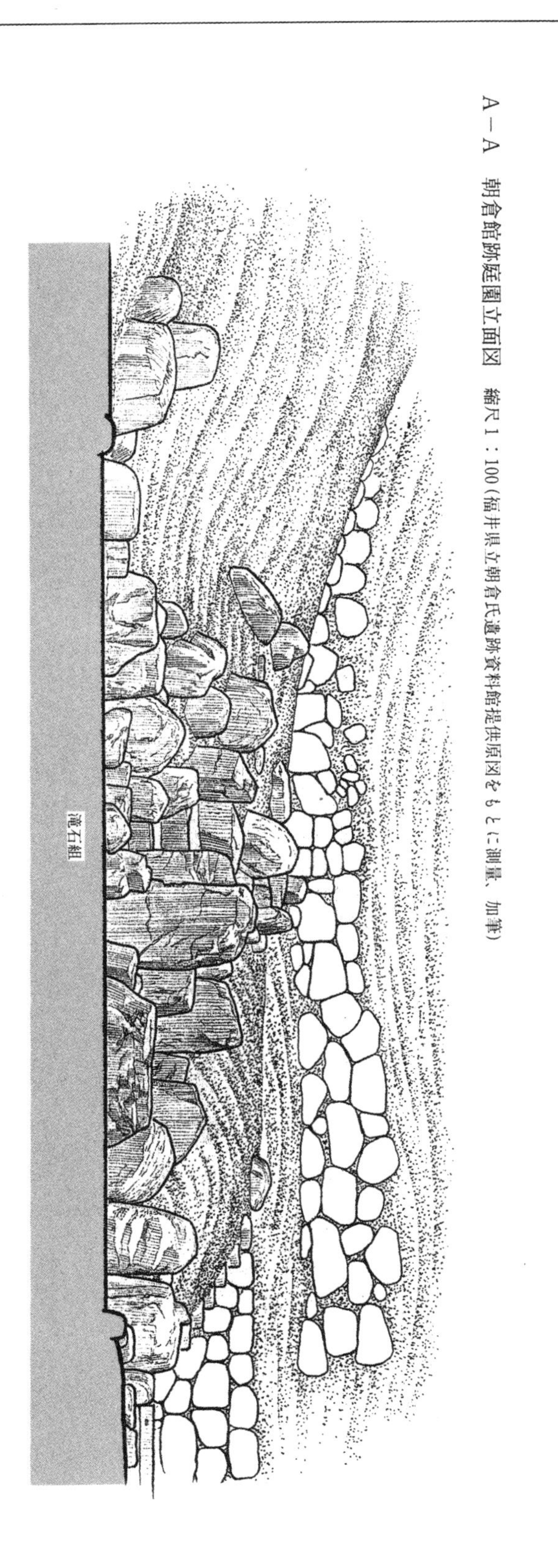

A－A　朝倉館跡庭園立面図　縮尺1：100（福井県立朝倉氏遺跡資料館提供原図をもとに測量、加筆）

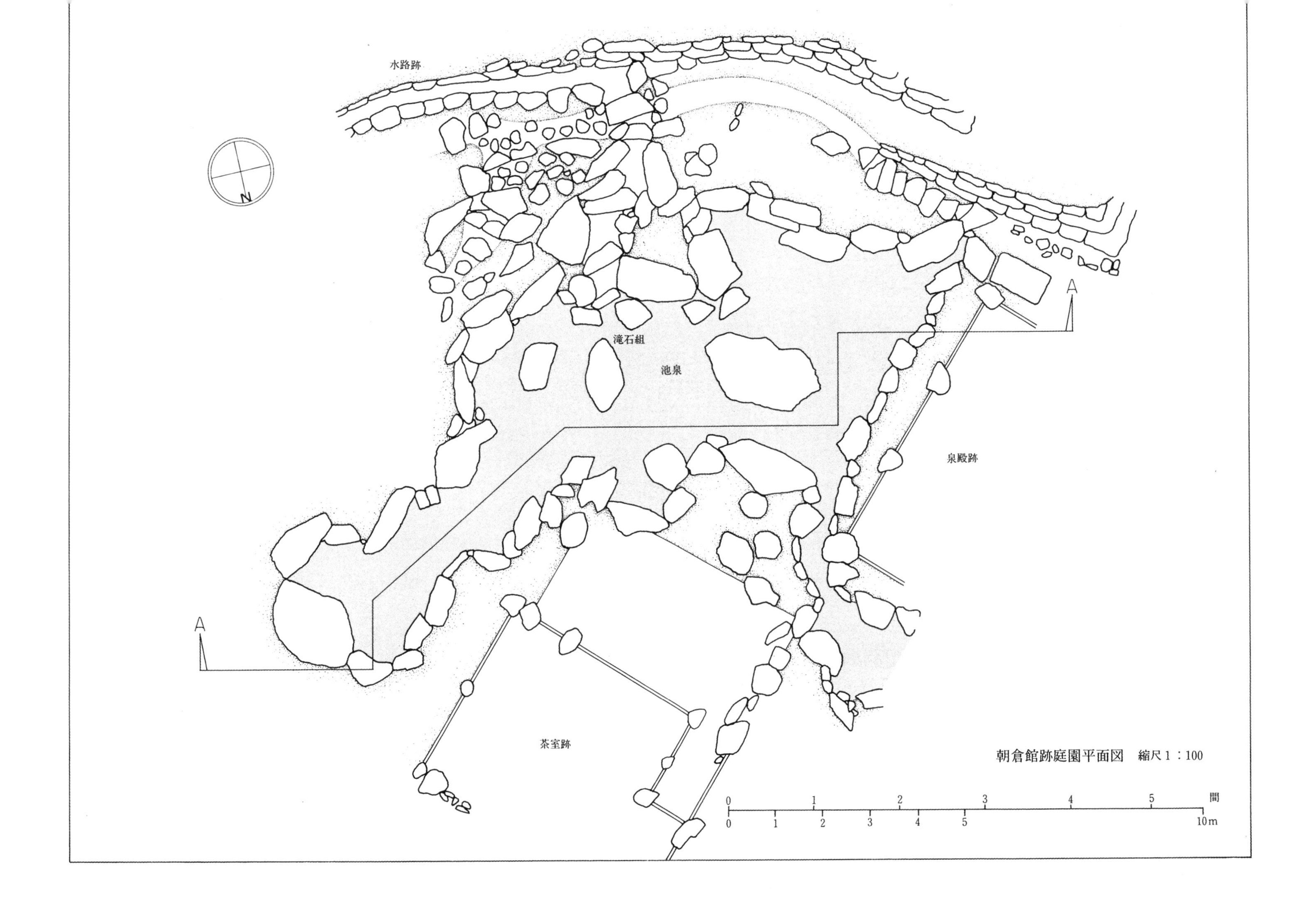

水路跡
N
滝石組
池泉
A
A
泉殿跡
茶室跡
朝倉館跡庭園平面図　縮尺1：100
0 1 2 3 4 5 間
0 1 2 3 4 5 10m

着水源落下。瀑布源头水流弯弯曲曲流下，人们在流水上搭建石桥，石桥很小但增添了不少趣味，表现了一种远山的风景。

瀑布前是没有棱角十分圆润的水分石，中心石的右侧放置有巨大的平天石作为岩岛。岩岛的造型也十分独特。

从池泉北侧的茶室，或是西侧池塘边的泉殿欣赏池泉庭最佳。

从北侧的茶室里可以看见瀑布。

从茶室向外眺望，可以看到以中心石为中心的石组显得非常刚劲，而眼前的护岸石风景也非常漂亮。虽然石块都很小，但立石、横石错落有致，很好地表现了海岸边荒芜的风景。

从泉殿眺望则可以看到，中心石成为窄窄的立石，平天的岩岛则盘踞在尖尖的磐石上，坚固的护岸石组一直延伸到右方。

茶室的南侧与池泉之间的空地是裸露的土地，据推测或许是茶室的露地。

池底全都铺着栗石，池水从泉殿的南、北两侧流出。池水经过茶室前的土地，流向泉殿间的拐角处，冲刷着凉所风格的池泉石组，与雨水汇合流向西方。这样的水流设计造就了一幅清凉的景象。

水路北侧的中庭处有一座东西宽约9.7米，南北长约2.7米的花坛，该花坛位于主殿的南庭。众所周知，足利义政在室町殿的北侧修建了一座花坛，现在银阁寺银沙滩旁的牡丹花坛虽然在后世经过了很多的改动，但仍是那个时代的标志。当时的花坛在发掘之时能完整保存下来这一点堪称难能可贵。

从主殿向外望去的北、东、西三面都由切割整齐的石块铺成，面向泉殿的南侧则是不规则形状的石头。

中央铺有东西向的两列石板，据推测应为管理用通道。

考古发掘已表明，朝仓馆遗迹以主殿为中心，会所、茶室、泉殿等东半侧的建筑物群是在五代义景的后期所修建的。据推测这些建筑或许是义景为了迎接足利义昭来到一乘谷而建造的。

永禄十年（一五六七年）十月二十二日，义昭到达上城户南边高地的安养寺，十二月二十五日义景将其迎接至朝仓馆中。当时义昭还没有继承将军职位，此外，由于是秘密御驾出宫的缘故，义昭提出取消隆重的迎接仪式，但义景却严格按照将军御驾光临的仪式进行了接待。因此便需要修建迎接将军的宫殿。据推测园林也是为了迎接义昭的到来而修建的。

园林虽然面积不大，但建造时用了许多大石头，也间杂着用了一些小石头，强弱远近相隔，构成了一座气派而又整洁的园林。

汤殿遗迹园林

汤殿遗迹紧邻朝仓馆遗迹东南台地。从泉殿南侧的苑路向上便可到达台地。

游客首先会惊讶于以东侧山畔为背景，巍峨耸立的一组石组。但要看懂这些石组还需要一些时间。

有完全倒下的石头，也有稍微有些倾斜的石头。而组合在一起的石组有些也有点歪曲、错位。此外，这些石头上都有很多褶皱，表情十分丰富。许多大的石头累积在一起。也正因如此，这些石头乍看来甚至有些荒芜粗野。但如果仔细观察这些石头，会发现这是一座十分精美的池泉园林。

如今这座池泉早已干涸。但人们在发掘过程中发现，有一条水路沿着山脚，从南向北注入瀑布口，由此可以推断出这座园林是一座池泉园林。

水路在瀑布口变得曲曲折折，成为两段式瀑布，通过狭窄的峡谷流了出来。瀑布添石左右几乎是同样的高度，左岸的石头巍然挺立，右岸的石头则更加圆润些。这样的组合令人联想到了峡谷中如画的风景。水流绕过水分石后变得宽阔起来，绕过瀑布颈部后又成为湍急的瀑布流入池中。这块瀑布落石，表面陡峭，犹如峭壁，苍劲有力。

瀑布前是中岛。左右的两块巨石犹如两支角一般。瀑布从两块巨石中间通过，一直流向远方。中岛和瀑布所组成的中心线上有一处欣赏池泉庭绝佳的位置。站在这条中轴线上，会发现以这条中轴线为中心，对岸山畔的石组成扇状展开。

这座中岛为鹤岛，两块立石据说为鹤首石和羽石，但还没有完全证实。此外，右手前方如同出岛状地方的前端有一块锋

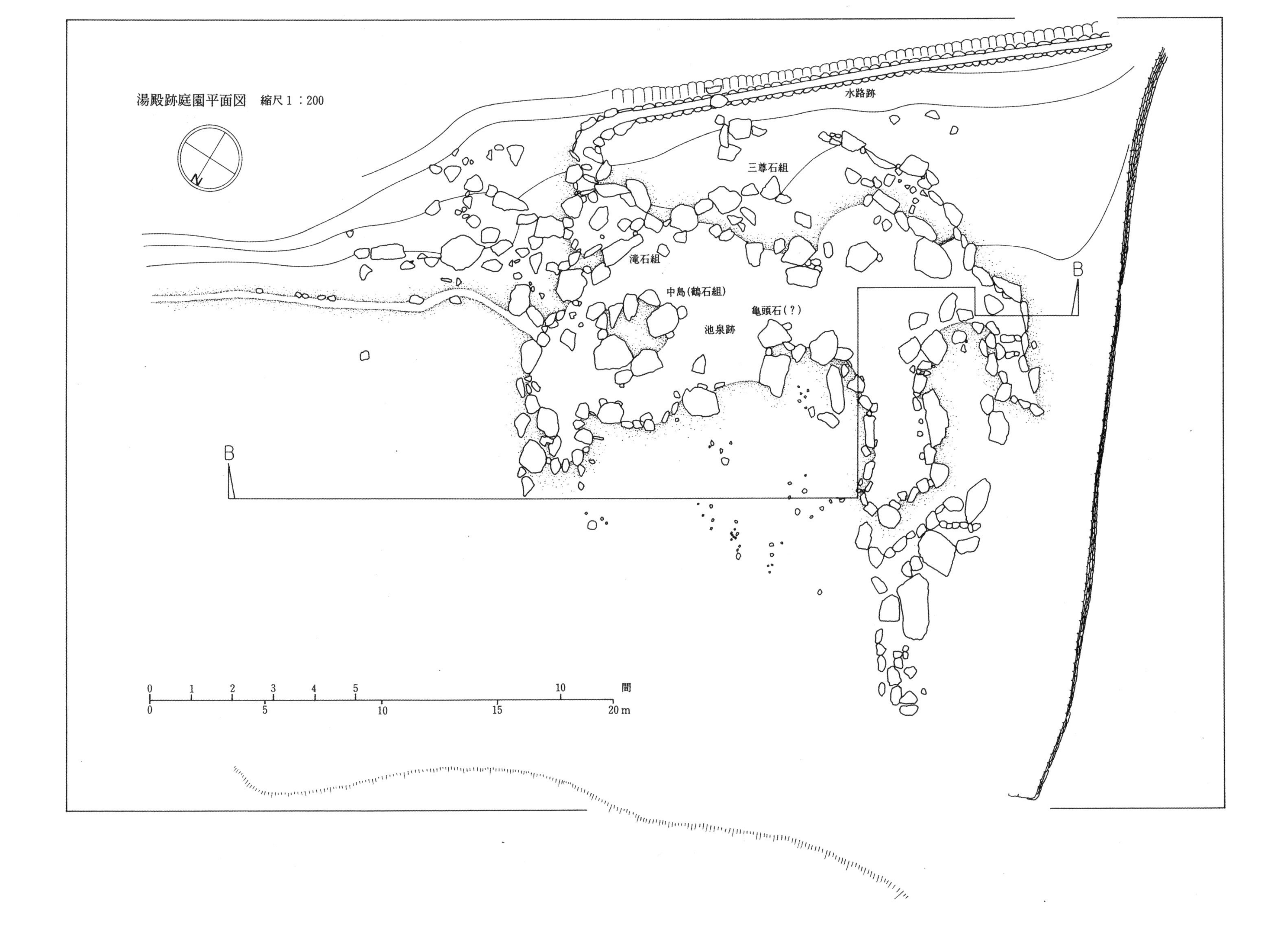
湯殿跡庭園平面図　縮尺1：200
N
水路跡
三尊石組
滝石組
中島(鶴石組)
亀頭石(?)
池泉跡
B
B
0 1 2 3 4 5 10 間
0 5 10 15 20 m

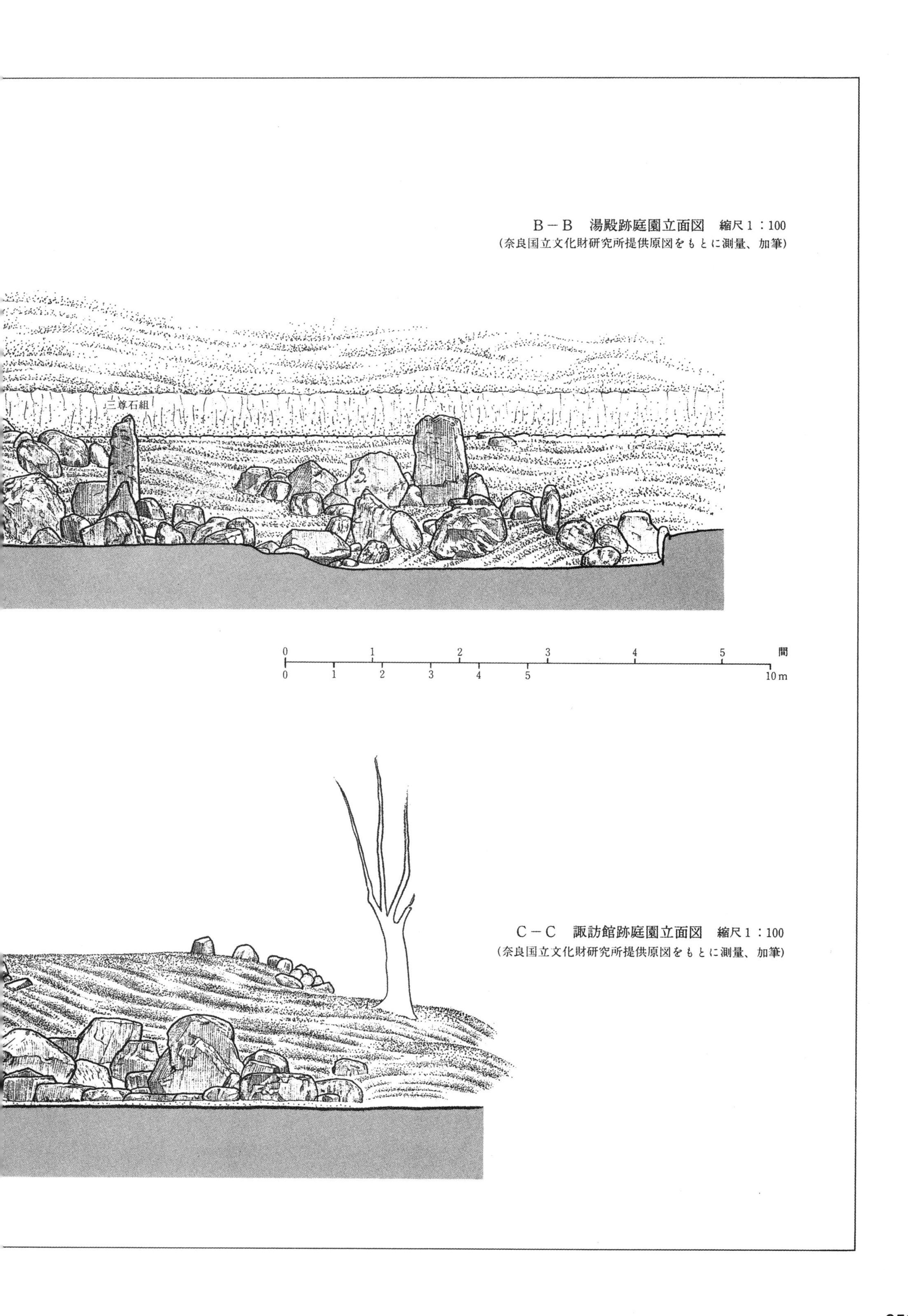
Ｂ－Ｂ　湯殿跡庭園立面図　縮尺１：100
(奈良国立文化財研究所提供原図をもとに測量、加筆)
三尊石組
0 1 2 3 4 5 間
0 1 2 3 4 5 10m
Ｃ－Ｃ　諏訪館跡庭園立面図　縮尺１：100
(奈良国立文化財研究所提供原図をもとに測量、加筆)

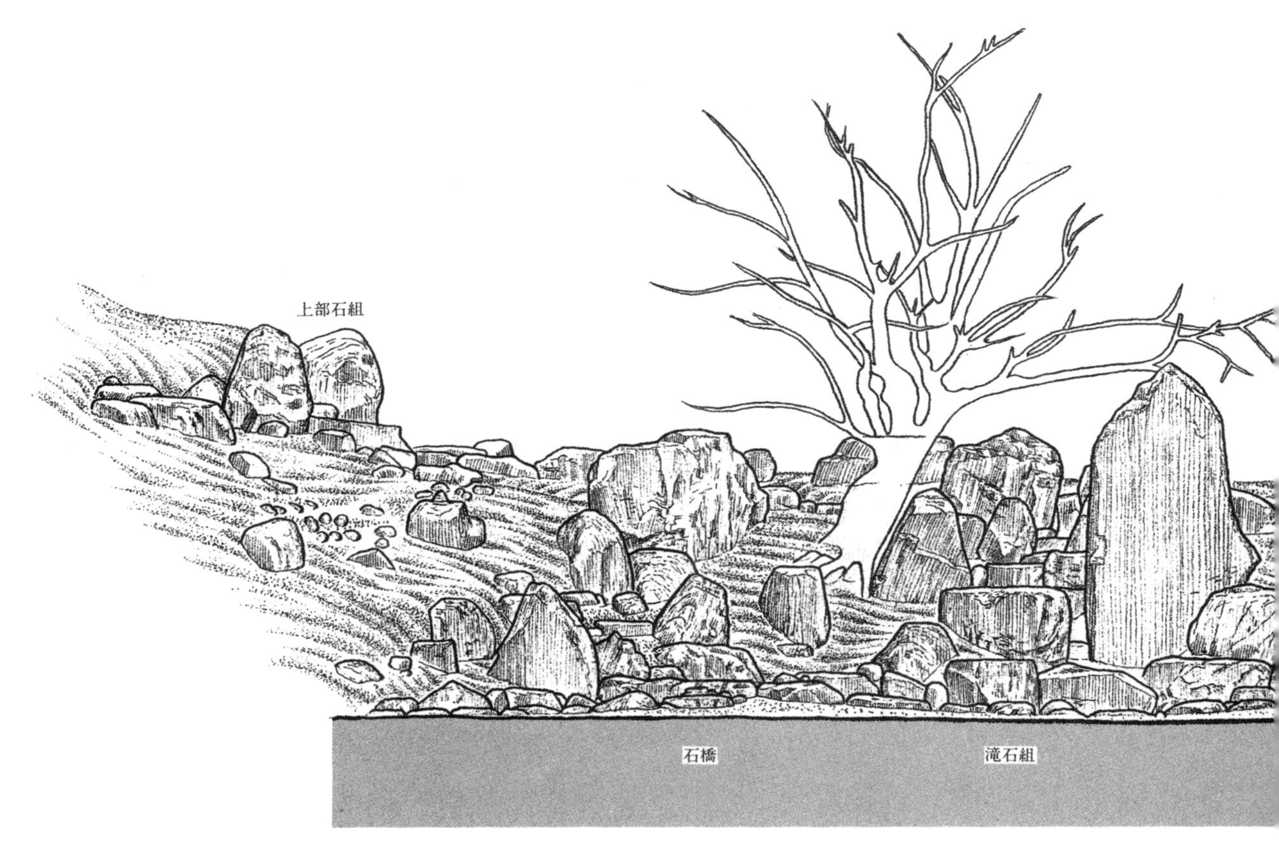

＊奈良国立文化財研究所許可済

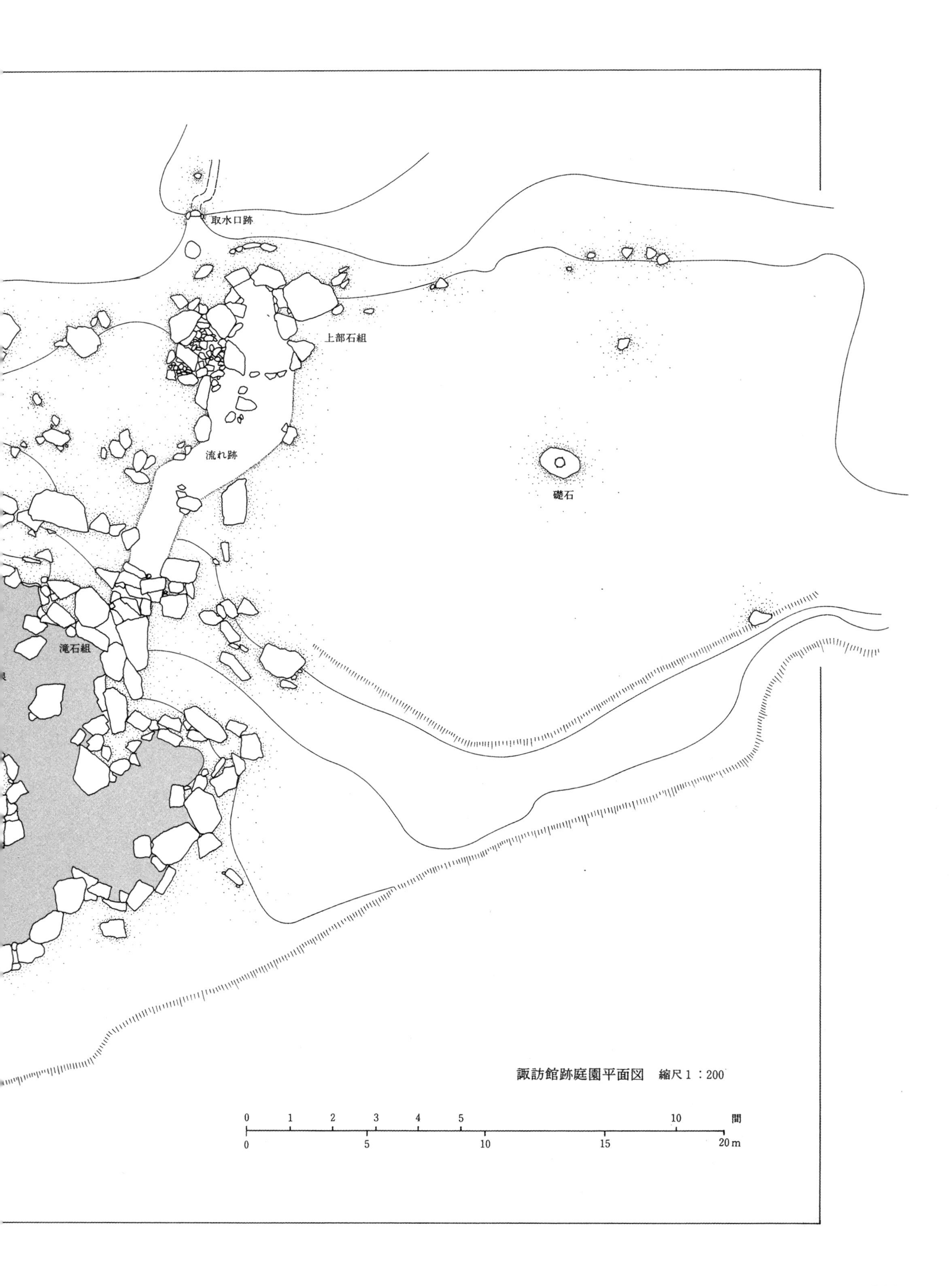
取水口跡
上部石組
流れ跡
礎石
滝石組
諏訪館跡庭園平面図　縮尺1：200
0 1 2 3 4 5 10 間
0 5 10 15 20m

利略带倾斜的巨大石块，据说为龟头石，这也没有被证实。

对岸细长的立石整齐排列在山坡上，人们将其称为蓬莱连山风景。

池泉南侧的地方沿着山脚向西侧折去，在拐角处又立着一块如同石碑一样的巨大石头。此外，在东南部出岛一带，有曾经在那里架桥的痕迹。

这座池泉园林与已经参观过的朝仓馆遗迹园林、诹访馆遗迹园林、南阳寺遗迹园林相比，在石材的选择和石组风格方面表现出截然不同的趣味。其他三座庭院，以水平感和垂直感为基本，结构稳固，石头也像被水冲刷过一样棱角较少。与此相比，这里的石头则更加锋芒毕露，组合方式也更加有立体空间感，相互呼应。

这座汤殿遗迹园林在何时为何人所修建尚不知晓。也可以将其看作是义景为了

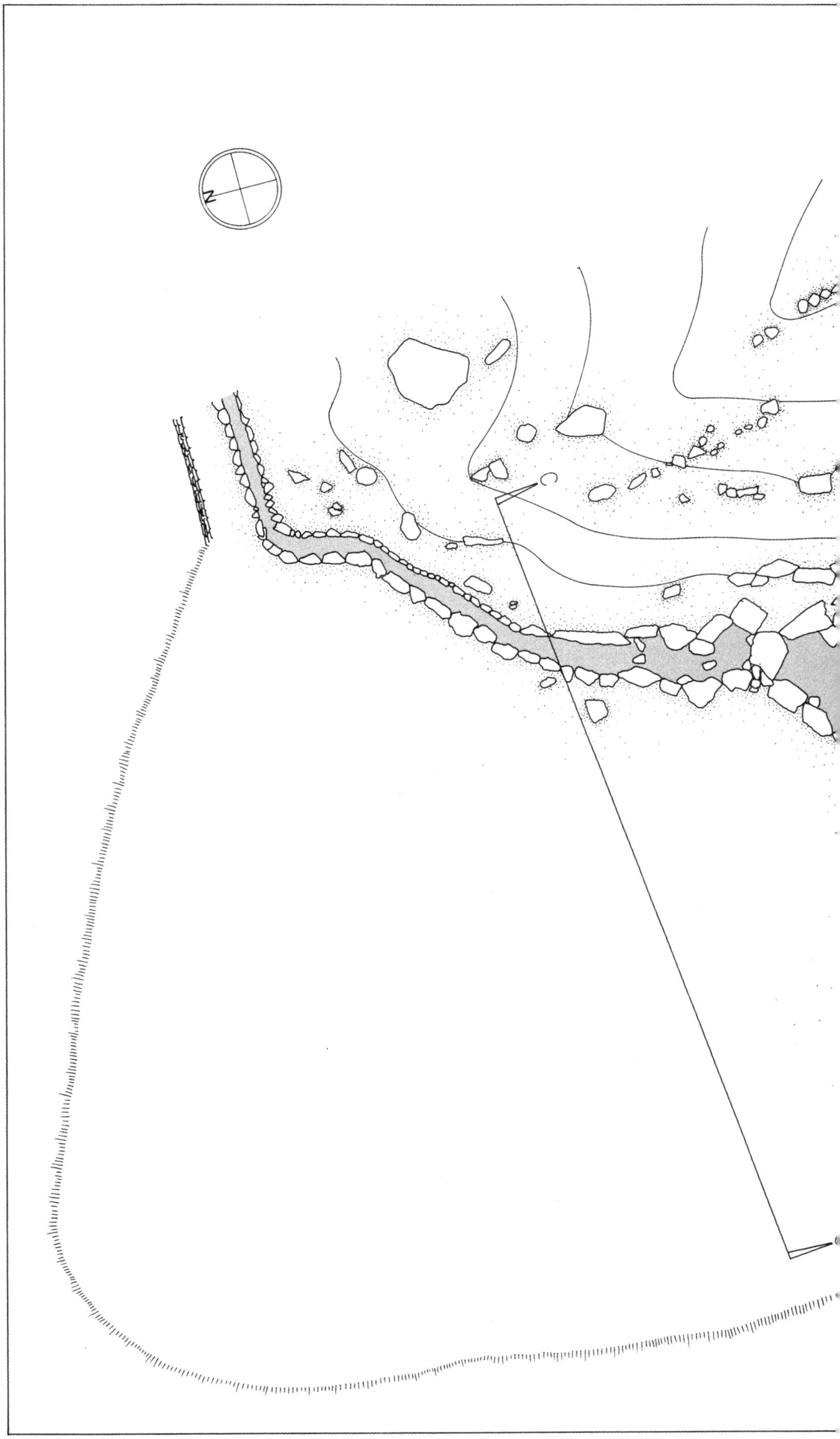

迎接义昭的到来而修建的，但汤殿遗迹与朝仓馆遗迹园林相比样式风格很不一样，所以也许在朝仓馆建成以前便已存在，在整个朝仓氏遗迹园林中是历史最为悠久的园林，这样推测也合乎道理。

三代贞景十三岁便世袭领主之位，又得到了通晓军事战略的叔父朝仓教景的辅佐，不但平定了同族朝仓景丰的叛乱，巩固了国内统治，而且在义政建造东山殿时，帮助其从仙洞御所成功移植了松树。贞景尊崇佛教，修建了京都清水寺的法华三昧堂，此外在一乘谷重修了南阳寺的佛殿和方丈。

四代孝景统治的时期最为安定，文化也最为繁荣。他经常邀请连歌师宗长、儒家学者清原宣贤等人举办和歌会及讲座等。他还新建了许多宫殿，在一乘谷中修建了诸多寺庙。汤殿遗迹园林很有可能是在贞景或孝景统治时期修建的，但也并没有确切的证据。

诹访馆遗迹园林

穿过汤殿遗迹南侧的枯壕有一块台地，这便是御殿遗迹，相传为义景的母亲高德院所居住的地方。在这个宫殿的东南部也有一座池泉庭遗迹。发掘的结果表明在葫芦形池塘边有石组，可以推测这里曾经有一座泉殿式的建筑物。

诹访馆遗迹园林位于中御殿遗迹向南一百米处的地方。枫树的树冠犹如大伞一般展开，下面的巨石高约四米，重约五吨。

巨石的左侧是由几段组成的瀑布。现在虽然水流已经干涸，瀑布从左上方朝巨石处落下，像要将巨石的左边翻起似的，水流湍急，落入池中。

以瀑布与巨石为中心的整个石组群，将水平感和垂直感做为基础，结构紧凑、稳固。周围的配石和点缀石多选用视觉效果稳定的台形和三角形石块，整体给人一种非常牢固的感觉。整个结构牢固坚稳。

像给巨石打了一把大伞的枫树虽然是由种子发芽而成，但现在早已成为参天大树，成为了立石的一件华丽外袍。这株枫树的左侧也有一块横放的大石头，后面是上段瀑布。

池泉成南北细长状，瀑布前是平天的水分石，右侧为蓬莱石，左侧则架有石桥。厚重的石桥架在池塘上，像坚固的桥添石、龟头石一般牢固、高高地架起。

过了石桥，爬上山坡，便来到了水流的上流。上段瀑布沿着西北部平坦的地方向南边延伸而去。近年，考古中发现了这条通向瀑布的水路，其水流大致相当于从蛇谷沼泽引出的水量。从这条水路流出的水分左右两支成为瀑布落入池塘中。

左边瀑布呈三段式，一旁的瀑布石棱角分明，屹立不动。瀑布口铺有栗石，水流较浅，经过湍急的瀑布一同落下。

右侧的瀑布如同一块大幕一般，瀑布口非常宽阔，流经水滩，与左侧的瀑布汇合，向西流去，与下段瀑布一同落下。从这样的格局也可以想象出，当真的有水流时会是非常壮观的景象。

上段瀑布前的广场中央留有一块基石。中央有放置柱子的孔，四周切割有榫眼。这或许是放置轮藏[①]轴心的基石，据此可以推测当时这里有轮藏。如果有经藏的话，放有巨石的园林景观将成为借景，想来是一幅非常规整的画面。

义景在独生子阿君丸被人毒害之后，费劲周折终于迎娶了后妻小少将，因此在这里修建了诹访馆，又修筑了这座园林。义景与小少将之间育有独生子爱王丸，据说义景当时十分高兴。

义景大概在这座园林中倾注了不老长寿、子孙繁荣的美好愿景。巨大的立石、坚固的结构、上段的经藏都表现了义景的这种愿望。

一乘谷遗迹上下两段结构与西芳寺、银阁寺十分相似，将上段做为修行的神圣世界这一点也非常相似。

南阳寺遗迹园林

从诹访馆遗迹出来后，穿过蛇谷，拜谒过初代孝景的坟冢之后，沿着山路一直

① 寺院收藏一切经书的八角经藏。中贯以轴，设有可转动的八角经架（书架）。

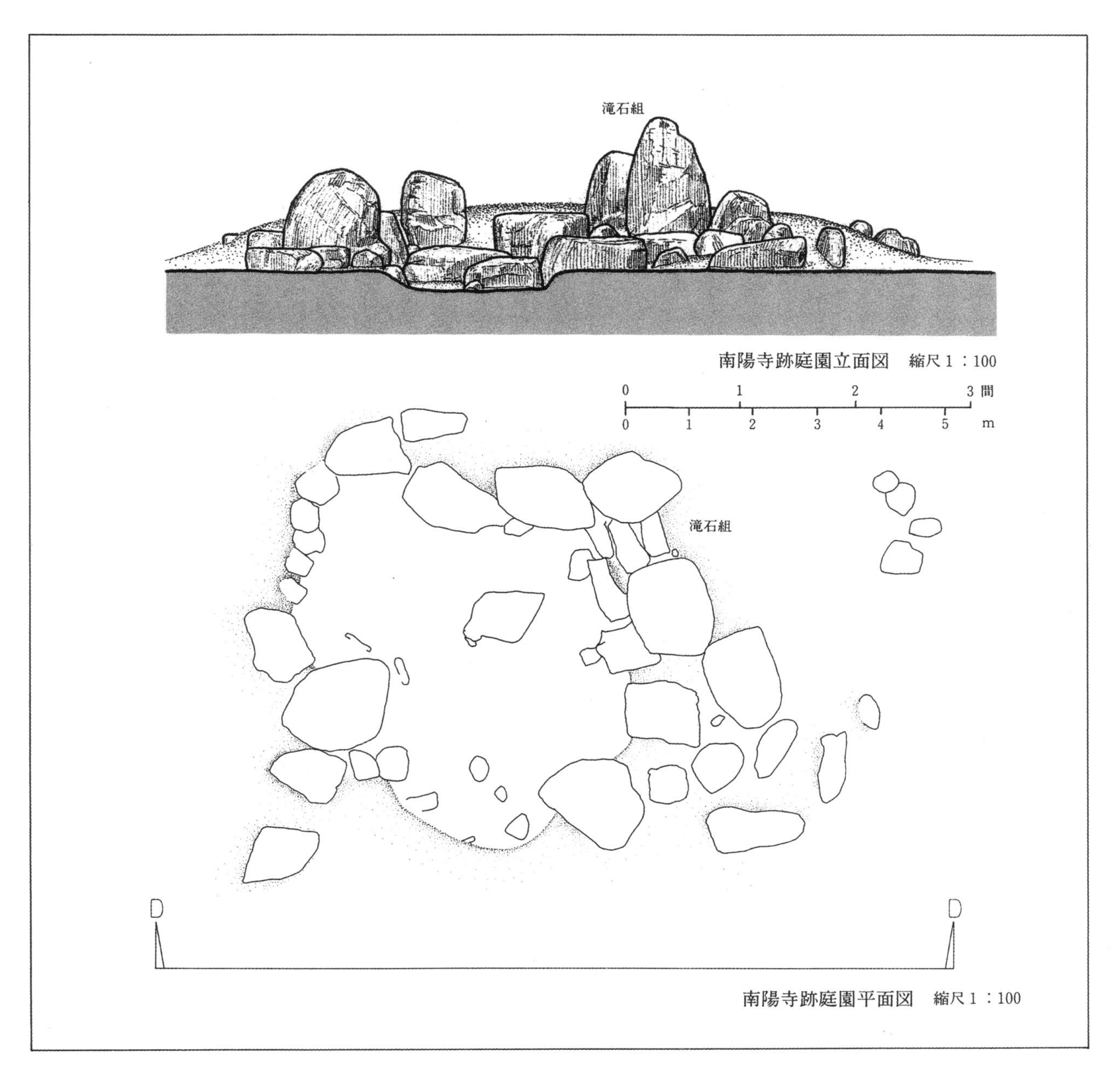

南陽寺跡庭園立面図 縮尺1：100

南陽寺跡庭園平面図 縮尺1：100

向北，便来到了南阳寺遗迹园林。这条山路长约六百米，一路走来，风景宜人。

在我游览时南阳寺遗迹还正处于发掘研究阶段，相信在不久之后即可知道那里的建筑物和园林间的关系了。

园林依东南部的小山而建，园林中还留有石组和池泉的遗迹。石头总数约三十余块，虽然是小面积的石组，但却很壮观。

园林中心为三段式瀑布，左侧的瀑布石高1.5米，右侧瀑布石高2.4米，整个石组像要冲破天似的，高高耸立，气势磅礴。如果从园林北侧看，可以非常清楚地看出瀑布的造型；但从西侧看的话则看不到瀑布，呈现在眼前的是一幅山岳的画面。

一圈园林全部依傍着东侧的群山而建，与房屋处于一条对角线上。这样的布局可以让游人从西侧和北侧欣赏园林。

据说南阳寺园林前有一株非常漂亮的垂樱。当时在招待义昭的樱花宴上非常有名，那株樱花树古时是在哪里呢？

西芳寺的樱花树栽种在正殿西来堂前，面朝池塘，很有名。很好地继承了雪舟造园方法的医光寺园林的垂樱被栽种在山脚下，枝条垂向了湖面。

现存的石组园林与垂樱在古时又是怎样布局的呢？游人尽情发挥想象，在脑海中勾画着布局，就如同自己设计园林一般快乐。

（园林家）

栗林园

变幻的六十景

栗林园位于风光秀丽的紫云山下，占地面积广阔，约为二十三万坪。历代高松藩主花费了百余年时间修建完成了这座园林，同时，园林也向现代人展现了江户初期大名园林的风采。

园林的四季

栗林园为大型回游式园林，园中栽种了以黑松、赤松为代表的各种树木，此外，还有梅花、樱花、睡莲、菖蒲、枫树、山茶花等，整座园林宛如一个风花雪月的世界，置身其中游人可以尽情享受四季变幻的美妙。

南湖岸边的露根五叶松。据说这株松树是由德川十一代将军所赏赐的盆栽栽培而成的。

卧龙梅和掬月亭。卧龙梅位于南湖枫树岸的东侧。

枫树岸附近散落的山茶花。

杜鹃花和北湖的溪流。

眺望北湖西岸，那里有树干低矮、树冠茂盛的松树和盛开的樱花。

枫树岸上的红叶和不远处的搁月亭。右手边的小岛正如它的名字“枫树岛”一般，上面栽满了枫树。搁月亭和紫云山倒映在澄澈的湖面上。

阴历十三的月亮。从南湖西岸——掬月亭附近的石头岸边所拍摄的。掬月亭的名字取自唐诗《春山夜月》中『掬水月在手，弄花香满衣』一句。

进入栗林园东门，首先映入眼帘的是北湖与南湖所在的南庭。南庭布局精巧，还有许多精美的石组，是江户大名园林的典型建筑。特别是茶亭——掬月亭所在的南湖，更是栗园林中最为重要的风景。

南湖和掬月亭

南湖的三座中岛和怪石所组成的浮石再现了人们心中的神仙仙境。而可以望见偃月桥的掬月亭则位于园中最佳观景位置，驻足亭中可以欣赏到池泉假山变幻无穷的景色。

南湖的东南角，从水源地“吹上”流出的溪水中布满了飞石。图片右上角为偃月桥。

利用棱角分明的石头组合而成的“仙矶”。其后是偃月桥和飞来峰。

站在飞来峰上看到的南湖景色。近处是偃月桥、杜鹃岛、仙矶、掬月亭。右侧是『渚山』汀线，左侧是『天女岛』，掬月亭的右边是露根五叶松。

天女岛上的巨大石组。该岛位于三座中岛的中央位置，和其余两座岛屿——枫树岛、杜鹃岛的静谧形成了鲜明对比。

南湖东北部的飞猿岩。建造者用巨石建造成这样的形状，试图营造一种身处深山之中，猿猴随时都要跳出来的感觉。

从对岸欣赏枫树岸上的红叶。枫树岸位于南岸，岸上地形低缓起伏。

枫树岸上的小路。岸上长满了茂密的苔藓，与火红的枫叶交相呼应。

南湖优雅曲美的汀线。欣赏一下卧龙梅和枫树岸一带。图片左上方是园中小路旁的栅栏。

从掬月亭中欣赏南湖。右侧是枫树岸，中间稍远处是杜鹃岛和偃月桥，左侧是北岸渚山的汀线。

掬月亭前被称为“七福神”的石组，各种奇形怪状的石头被设计者巧妙地组合在了一起。正面是枫树岸。

用海岸边平整的石头制成的浮石。左侧依次为渚山的汀线、由杜鹃花而得名的杜鹃岛、仙矶，后面是偃月桥。

掬月亭前的袖形手水钵。这个手水钵原本是一块被海浪侵蚀而成的造型独特的石头。

从茶室的窝身门回望手水钵。

从芙蓉峰看到的北湖。紫云山山脚下有两座小岛，右边是前岛，左边是后岛。右侧是屏风松的壮丽景观。

蜿蜒曲折的汀线，修剪齐整的松树伸展着枝叶重重叠叠，浮于山影倒影水面之上的两座小岛，碧绿的草地与灰白色的鹅卵石小路相互映衬……。

从北湖至北庭

北湖可谓魅力无穷，但它最美之时莫过于，北湖与芙蓉峰到紫云山山脚一带的景色融为一体之时。缓步走下芙蓉峰，向栗林园的北门走去，以芙蓉沼和群鸭池为中心的北庭展现在游人面前。

小雨中的北湖。满目的松树和小草构成的碧绿风景之中，那一点红色的梅林桥可谓是画龙点睛之笔。

牡丹石和池塘边的溪流。这是一块天然石，因形状像牡丹而得名。

溪流上的青石桥，所用石头为天然石。

北湖北侧的百石松。据说有“家老”为了这株松树而被削减掉了百石的俸禄。

北湖中的前岛（左）和后岛。松树、石头、草丛和池水有机融合。

秋天的芙蓉沼。芙蓉沼位于北庭的西部，夏天，池中的红白莲花竞相开放。

初夏的群鸭池。该池塘是栗林园中面积最大的池塘，里面还有菖蒲园。

西湖和芙蓉沼之间缓缓流淌、蜿蜒曲折的潺溪池。

园林的西南角有一组被称为『小普陀』的石组。据说该设计传承了室町时代的技艺，营造了一种截然不同的枯山水空间。

西湖周边和涵翠池

从小普陀向北，西湖沿着紫云山的山脚一路蜿蜒流淌，此外，还有赤壁、会仙岩等值得一看的景点。

与此同时，掬月亭西侧的涵翠池则呈现出另外一番景色，池中有一座名为瑶岛的中岛，树木、石组、湖水，宛如一幅静谧的风景画。

西湖的赤壁。紫云山山上掉落的石块形成的岩壁，五代藩主根据宋代的古时《赤壁赋》将其命名为赤壁。

从擗月亭看到的涵翠池。中岛名为“瑶岛”，“涵翠池”有涵养岛上树木和紫云山绿色植被之意。

瑶岛上保存有历史悠久、造型别致的石组。

瑶岛南岸的设计，竟让人感到一丝现代的气息。

305 小普陀石组。在微微高起的假山上设计者布置了一组具有室町时代风格的枯山水石组，而此地被称为是栗林园的发源地

旧日暮亭和梅花。该亭位于西湖边，亭上挂有相传为二代藩主所书的“日暮亭”匾额。

巧夺天工的休闲园林　栗林园　中筋　敏

栗林公园历史游记　海野　弘

庭园解说　栗林园　斋藤　忠一

栗林园园林　实际测量图　野村　勘治

巧夺天工的休闲园林　栗林园

香川县栗林公园观光事务所所长　中筋　敏

栗林公园深受自然恩惠，一年四季气候温和，依圆润、雄伟的紫云山而建，建造者在园中巧妙地布置了许多松树、奇石，再加上丰盈充足的泉水，这一切都使得这座占地面积约七十五公顷的园林处处呈现出不同的风景。

栗林园规模庞大，布局宏伟，此外，设计者还力图展现四季变幻的分明，而这样一座大型池泉回游式大名园林的建成耗费了百年的时间，和无数先人的智慧与辛劳。

据推测栗林园的西南部建造历史最为悠久，在茂密树林的掩映之下是枯山水园林式的小普陀，小普陀对岸是慈航岛，两座小岛之间架有津筏梁、到岸梁两座桥，直通最深处的观音堂，呈现出净土园林式的风格。

南湖的汀线弯曲延伸，湖中枫树岛、天女岛、杜鹃岛这三座中岛和仙矶的倒影映在水面上，波光粼粼，一同构成了中国神仙思想中的『三岛一体园林』。

栗林园的建造者在遍布绿色植被的园中，选取重要位置，分别设计建造了掬月亭、日暮亭等建筑物，此外，还留下了大片空地，呈现出一种清净、沉稳的氛围。

沿着园中小路走过书院、茶室、亭榭，匠心独运的园林布局和雪月风花的自然风景融为一体，游人置身其中，可以感受到园林无穷无尽之美，同时也不禁赞叹建造者巧夺天工的设计。

让我们一起回顾一下栗林园的历史吧。最初，生驹藩主在园林北部栽种了栗子树，作为备荒林（栗林园也由此得名）；之后，松平二代藩主曾在『栗林庄』主持政务，饥荒之时，为了救济饥民，雇人在园中开山治水，发给饥民金钱和粮食作为报酬；松平五代藩主还在园中开垦了药草园，种植人参等药材，研究从甘蔗中提炼砂糖的技艺，力图振兴产业。

此外，历代藩主还将栗林庄当作迎宾所、练武场、隐居所，在园中举行茶会、能狂言会、插花会，在沉浸于猎鹰、猎鸭、蹴鞠、绘画、赛龙舟等活动的同时，也创作了许多与此相关的和歌。

就像这样，从园林建造开始至藩政结束的这二百余年间，栗林园一直深受人们的喜爱，同时园林建造工程也在逐步进行着。

明治八年（一八七五年）三月十六日这座园林被指定为县立公园，人们将『藩政时代』栗林庄的名字更名为『栗林公园』，开始对一般民众开放。任何人都可以欣赏园中的美景，在园中休憩，栗林园经过沧海变迁的岁月一直被保存至今。昭和二十八年三月时，根据文化财产保护法栗林园被指定为特别保护名胜。我想这一举措也是对于栗林园发挥其文化、观光优势，对公众开放百余年来所走过历史的肯定。

昭和六十三年栗林园迎来了超过二百三十万的游客，因此，我更加感受到了将这座古老园林一直完好地保存下去，传承给下一代是一项多么重大的责任。

在此，我深深地期望这座园林能给所有人的心灵带来慰藉，同时也希望人们更加喜爱这座园林。

栗林公园历史游记

悠然自得的空间

海野　弘

每当漫步于栗林公园，我总是心情无比舒畅，内心十分开阔，有一种无拘无束之感。栗林公园为何会给人这样一种开阔之感呢？仔细一想，与后乐园、兼六园、偕乐园等著名园林相比，栗林公园在开放性上力压群芳。是什么造就了栗林公园的开放性呢？我试图解开栗林公园的空间之谜。

我想其中一个原因与栗林公园独特的地形构造有关吧。一进入栗林公园，首先映入眼帘的是两座如同双子峰般高高耸立的紫云山。紫云山不是作为栗林园的借景而出现的，而是忽然间耸立在园林的尽头，它的伟岸瞬间使我们豁然开朗。相比在园林中摆放假山，栗林园这样将自然的山体当作园林外延的做法，更加显现出了园林规模的宏大，也让置身其中的欣赏者更加心情舒畅了。

因此，我突然想到了人工空间的『园林』与自然空间的『大山』之间连续性与非连续性这个有趣的问题。园林是什么呢？自然混沌未开，最初，我们是看不见它的。如果不将自然人工化、空间化的话，我们看不到自然。而园林则是人类将自然人工化的一种尝试。人类截取自然的一部分，将其圈起来建成园林。然而，园林终究是自然的一部分，它不得不与自然相连接。

栗林公园通过将大山划入园林之内，亦可说制造一种大山拥抱整个园林的感觉，使得园林这一人造之物与自然相通，得到解放。栗林园营造的这种人与自然无拘无束

栗林園を上空から望む

交流的氛围也使得人们可以在园中放松自我，得到心灵的慰藉。

像这样，地形空间的独特性造就了栗林园的开放性，但这并不是答案的全部。除此之外，园林建造者的空间想象力、设计理念也在一定程度上决定了栗林园的开放特性。要想解开这个谜团，还需细细梳理一下这座园林的建造历史。

首先值得注意的是，栗林公园的建造经历了很长一段时间。而且，尽管栗林园驰名天下，但几乎没有任何栗林园建造的详细历史记录。现在唯一知晓的事实是，栗林园的建造历经多个朝代，经无数古人之手终于建造而成。

我想，或许正是因为虽然历经不同朝代、无数截然不同的建造者之手，但这座园林依旧能成为一个有机统一的空间，这才是这座公园开放包容氛围最大原因所在吧。栗林园大度地包容着各种各样的不同事物，然后将其融合在一个统一的空间之中。而这个统一的空间也在漫长的岁月之中逐渐成熟。正是因为如此，栗林园才会张开双臂迎接包容着形形色色的游人，使他们在这里得到身心的放松。

例如，栗林公园中不仅有南部的日式园林，还有北部的西式园林，两者相得益彰，和谐共处。普通游客大多会从园林的中间位置前往南部的日式园林游览，但北部的园林同样也成为了孩童玩耍嬉戏的天地。而且园林的两部分互不影响。此外，许多团体游客被导游带着在园中四处游览熙熙攘攘，但也并不会打扰到在园中一个人静静欣赏的游客。不论栗林园的南庭如何热闹纷杂，一旦走进西部的山脚下，立刻是一幅静谧之景，在那里只能隐隐听到喧嚣声，因为在那里有一座仅属于每个人自己的园林。在栗林公园这个悠悠然的空间之中，各式各样的人与思想都会得到包容，每个人也会发现只属于自己的与众不同的园林。

栗林公园的形成

据推测，栗林公园竣工于延享二年（一七四五年）。当时的高松城主为松平家的

屛風松

五葉松

第五代继承人——赖恭。松平家于宽永十九年（一六四二年）来到了高松，取代了一直统治高松的生驹家。松平家第一代是家康的第十一个儿子水户赖房的长子——松平赖重。从赖重时代开始人们已着手对栗林园进行改建，仅从松平家时代开始计算，栗林园的历史也已经有上百年了。

而且，据说，这座园林在赖重统治之前便已存在，生驹家时代就已开始修建栗林园了。生驹亲正来到高松，建造高松城是在天正十五年（一五八七年）。亲正原本为大和生驹出身，曾侍奉信长、秀吉，天正十四年成为了赤穗城主，第二年来到了高松。栗林公园原本是亲正的大臣佐藤道益的园林，生驹家第四代——高俊时，开始作为生驹家的园林进行扩建。

据考证佐藤家在生驹家到来之前便是当地的豪族，很早之前便在这片土地上定居了。相传栗林公园西南角的小普陀是公园中历史最为悠久之处。而在很长一段时间，这里已被世人遗忘，在一九六〇年的修缮过程中重现在世人面前，那里的古石组据推测为室町时代的产物。而佐藤家则位于小普陀的西侧。

这样的话，栗林公园的历史可以上溯至十五世纪，在室町至江户时代这三百年以上的时间内它不断吸收着各种建造风格。栗林园的开放性也在这漫长的历史岁月中逐渐形成。我曾试图将起源于室町时代的这座园林放置在与京都有着密切交流的四国管领——细川氏文化中进行定位，但遗憾的是二者并无联系。

栗林园起源于室町时期，庆长、元和年间生驹家曾对其进行改建，宽永以后，由松平家修建完成，这便是栗林公园大致的建造历史。我注意到的一点是，虽然表面看来栗林园被固定在这片土地上，但这座园林的空间一直在游走四处。例如，京都的园林被输送到全国各地。而负责输出的则是诸多的园林设计师。细川氏的细川高国等人通过在各地建造京都式园林，来笼络当地豪族。园林在代表文化的同时，也是权利和同盟的象征。通过园林，我们能够清楚地看到文化与政治的网络。

有关栗林公园的建造历史，首先引起我注意的是生驹高俊这一历史人物。三代——

会仙巌

正俊死后，高俊于元和七年（一六二一年）继位，当时由于高俊的年龄幼小，因此由他的亲戚藤堂高虎辅佐其处理政事。高虎是家康的亲信，而且是伊势、伊贺的领主，经常作为斡旋人叱咤风云。高虎将自己亲手扶持的匹田右近、西岛八兵卫、浅田右京、前野助左卫门等人派往高松。这些人既是不可多得的人才，又是间谍，他们在高松不断与当地的家臣发生争斗，最终导致了『生驹动乱』的发生，生驹高俊被迫离开高松，取而代之的是松平赖重。

在栗林公园的修建过程中，西岛八兵卫起到了举足轻重的作用。这是一位充满传奇色彩的人物，他出生于浜松，是有名的建筑师。他为藤堂高虎效力，后被派往高松，曾参与修建满浓池。『生驹动乱』之后，回到了藤堂家，担任伊贺奉行等官职，最终卒于伊贺上野。

据说香东川改造工程是八兵卫所参与的众多工程之一。今日的香东川流经高松市的西部，但在宽永年之前，这条河流一直在紫云山所属山系。石清尾山系分为东西两条支流。八兵卫在河流改造过程中，将东侧支流堵塞，只让西侧支流流淌。现在的栗林公园便是在香东川东侧支流河床及地下暗流的基础上建造而成的。据推测，八兵卫本人也参与了栗林公园的修建。

我留意到的一点是，八兵卫是与伊贺有着特殊关系的人物。而从近江到伊贺一带，又聚集了大量拥有各种技艺的手工艺人。那里有木匠、泥瓦匠、陶艺人等，而且伊贺的忍术也属于其中的一种技艺。因此，我推测八兵卫应该是这个庞大技术团队的统领者似的人物。

总而言之，由于生驹家迁往高松，从而促进了大和、生驹以及高松间的文化交流。并且，在这一过程中，八兵卫将近江、伊贺的技术带到了高松。而栗林公园的空间基础则被置于这样的文化网络之中。据推测，生驹家时代建造了南湖一带，以及西湖的会仙岩等地。此外，据说在这一时期的园林建造过程中，小掘远州发挥了重要作用。远州的妻子是藤堂高虎的养女，其本人又与生驹家是远房亲戚，直到元和五年，远州

降蹲踞

古理平烧九重塔(紀太理兵衛作)

一直都是备中高粱的松山城主，元和四年担任伏见奉行一职统治小豆岛，因此不能说其与栗林园完全没有关系。此外，他也应该与八兵卫等人熟知。

就这样，生驹家以香东川的河床为地基，在原有的小普陀园林基础上，又修建了一座以南湖为中心的规模更大的回游式园林。但是，幕府并不信任与丰臣有着密切关系的生驹家，他通过藤堂家不断对生驹家的统治进行干涉，伺机推翻其统治。生驹动乱后，高俊被流放至奥州，松平家趁虚而入。栗林园的建造计划不得不就此中断了。

松平赖重与茶庭院

来到高松的松平赖重也很喜欢这座园林，因此，栗林园的建造又重新开始了。赖重属于水户家，因为曾长期在京都居住，所以在京都文化传播至高松的过程中起到了举足轻重的作用。他的影响之一便是茶道，栗林园的建造深受茶道的影响。首先，赖重将在京都时熟识的陶艺人纪太理兵卫带到了高松，命其在栗林庄的北部烧制陶器。理兵卫是信乐人，姓森重（亦称森岛）。他的父亲半弥重芳（亦称重秀）在大阪任职之后，又在栗田烧的宝山家祖师——云林院某那里学习。其子作兵卫重利（后来的理兵卫）在京都栗田口烧制京都瓷器，正保四年受赖重之邀前往高松，开始制作理兵卫（理平）烧。当时，因为栗林庄又被称为『林』，因此理兵卫的作品也被称为『林烧』。

后乐园、偕乐园等园林都有被称为是『庭烧』的陶器作品。江户时代很流行在园林内烧制人们喜爱的茶具。我也很想有机会能够深入调查一下园林与瓷器的关系。也许，修建园林与用泥土制作陶器在一定程度上有相互联系的地方。在栗林公园，赖重在园中修建窑场，将园林与陶器结合在了一起。

将园林与陶器串联在一起的最重要的一条线索便是茶道。赖重也是将茶道文化带到高松的人。他将京都的千宗守聘请到栗林园担任『茶堂』。千宗守（1593～1675年）是千宗旦的儿子，曾过继给漆器师吉文字屋做养子，后又回到了千家，开创了武

栗林荘模型　弘化元年(1844)に完成した栗林荘古図に基づき栗林公園造園課が作成したもの。

者小路千家。受赖重的邀请，他来到栗林园担任茶堂一职，宽文七年（一六六七年）七十五岁高龄时辞官，修建了官休庵。

赖重经常在『林』的茶室中举办茶会，请宗守为客人表演茶道。例如，宽文六年十月二日在『林』举办茶会，由宗守沏茶，客人是朝日奈甚五兵卫。朝日奈曾担任石清尾八幡宫造营奉行一职，赖重通过举办茶会的方式来犒劳他。宽文六年十月五日在『林』举行了一场茶会。表演茶道的是宗守，客人为大老大久保主计，赖重为茶会准备了插花。除了这场茶会之外，赖重还在这里多次举办茶会，栗林园烧制的理平烧茶具则深受客人的喜爱。

那么赖重举办茶会的具体位置在哪里呢？或许，那时在现在的掬月亭一带便已有茶室建成。延宝元年（一六七三年）赖重因病隐退，之后便住在了『林』的桧御殿。桧御殿是修建在现在的商工奖励馆一带的宅邸。延宝三年（也有称四年的），赖重又修建了山屋敷，之后搬到了那里。那里也被叫做石清尾山庄，位于石清尾八幡的南侧，在如今的旭丘医院一带。赖重还命人将位于栗林公园小普陀的观音堂迁至山屋敷。

不知为何我很是喜欢石清尾八幡，因此决定前去实地考察。栗林公园的西侧耸立着两座大山，石清尾八幡便位于北侧稻荷山的西边山脚下。出了公园的北口，沿着稻荷山山脚向西走，恰好有一座正在修缮之中的崭新神殿。高德主干线从旁边经过。石清尾八幡与栗林公园间隔着一座稻荷山，石清尾八幡恰好在公园的对面。神宫附近还有石清尾古坟群，据说从古代起那里便是人类的聚居地。

据记载，延喜十九年（九一九年）石清尾八幡将京都石清水八幡的分灵请来供养，而在贞治二年（一三六三年）细川赖之则在这里举行祭祀，感谢上天保佑他的战胜。石清尾八幡为石清尾山系（紫云山）的山神，细川氏自古以来便与其有着深厚的渊源。松平赖重非常喜爱『林』，因此在隐退之后便搬到了石清尾八幡旁的山屋敷了。这是因为，那里是绕着他所喜爱的『林』前耸立的山峰转一圈便能到达的地方。赖重喜爱这座园林，也钟情于这座大山。也许他已经意识到了造就栗林园的正是紫云山吧。也

涵翠池の飛石と瑤島

津筏梁

正是因为如此，他即便离开了园林，也没有离开这座山，选择住在了镇守山与园林的石清尾八幡旁。

这样想来，栗林公园不只是在室町时期，甚至在远古时代它便是古代人信奉的神山，是人们祭奠山神之地，也是一座礼拜的园林。这也许就是为什么一走进公园，当抬头仰望耸立在远处的高山时，人们神清气爽、心情舒畅的原因吧，在那里人们听到了原始古代精神在远方的回响。

掬月亭的空间

掬月亭位于南湖的西岸。南湖是栗林公园的中心风景，而掬月亭则是整座园林中最重要的建筑物。掬月亭各部分建筑成雁阵形排列，因为看起来很像北斗七星，因此也被称为『星斗馆』。元禄十三年（一七〇〇年）的《御林御庭之图》中曾对掬月亭有所记载，因此掬月亭很有可能在那之前便已存在了。掬月亭大约修建于二代赖常时期。或许在初代赖重的时代便已有掬月亭原型的茶室了吧。之后又几经扩建，成为了七间房子成雁阵形排列的茶室。现在，北侧的两间屋子已经被损毁，只留下了五间房子相连。

掬月亭的有趣之处在于，漫步其中所欣赏到的园林景色会不断发生变化。在掬月亭最西边看到的园林西部的景色，与在伸进南湖中的亭子东边看到的南湖东侧的风景形成鲜明对比，其中的差异让人感到无比惊奇。

我首先坐在了掬月亭的西边。在这里可以品尝抹茶。站在走廊上便可看到眼前碧波粼粼的涵翠池，池后便是高高耸立的紫云山了。而紫云山是那样的秀美。在栗林公园中，不论从哪里看，紫云山都是这座园林风景的关键要素，特别是坐在掬月亭的西边，更感觉到伸手便能够到紫云山似的，近在眼前，怎样看都不会厌烦。走廊的对面是小路，小路对面便是池塘了。现在，建筑物与池子之间还有竹篱笆，如果没有竹篱笆的话，

鳳尾嶋の蘇鉄

从走廊到池塘间便没有什么阻挡视线的东西，而那样应该感觉会更美吧。

在涵翠池的中央是被称为『瑶岛』的中岛。岛上精心设计的石组和松树也同样百看不厌。当水鸟在水中静静地一动不动时，整个画面宛如一幅山水画般静美。而瑶岛上的石组堪称栗林园中最为精美的石组。我游览掬月亭时恰好是初夏，天气已经有些炎热了，但坐在掬月亭中，眺望着远处的紫云山，任凭微风拂面，一边品着抹茶，一边吃着『炙』形的点心和岐阜特产的白砂糖制成的和三宝糖，仿佛远离了喧嚣的城市，早已沉浸在了静静的时光之中了。

一直这样静静地坐在茶席上看着远处的紫云山，竟然有些恋恋不舍了，告别了另人留恋的西边屋子，我又在掬月亭的其它地方四处游览。穿过中央宽敞的初筵观，便来到了掬月亭最东边的屋子了，随手打开房门，刹那间南湖景色一览无余。仿佛画舫在水中游一般，掬月亭也好像驶入了湖中，在屋中所看到的湖水风景十分绚丽多彩。湖中有三座小岛，还有一座太鼓桥，石组露出水面，湖岸边的树木、石头也各式各样，变化多姿。而且在这里并没有物体阻挡视线，一直能沿着水平线望到尽头。

让我们来对比一下这里与在掬月亭西边看到的风景有何不同。园林西部风景的中心为小山。于是视线很快会被山所遮挡，无形之中给人一种压抑感。站在走廊上，如果不抬头仰望的话，便很难看到蓝天。可以说在西边看到的风景是垂直的。而且还是静止的。风景因为走廊、屋檐、池塘与走廊间的小路而被划分开来，又被高山所压制，如同透过窗户看风景一般，视线被划定了方向，眺望会在一瞬间静止，整个画面犹如水墨山水画一般。

与之相比，园林东边则是湖水的景色。仅穿过几间房间，园林的风景便由高山的风景变为水景了。园林东部的风景是水平的，流动的。之所以这样说是因为，在这里，没有紫云山那样高耸强有力的焦点捕捉人们的视线并将其固定，游人的视线可以来来回回地游动。而值得一看的风景又是如此的分散，空间并没有一定的框架。因为，这座房间本身便快要进入水面了，身处其中的我们与风景间并无距离，也就是说，游人

吹上

已经在风景之中了。如果用舞台空间来类比的话，园林的西边就好像舞台和观众是分开的，二者面对面；而园林的东边可以说是舞台进入了观众席，或是观众席进入了舞台，两者间并没有分明的界限，舞台与观众席混合在了一起。园林的西侧是透视的空间，而园林的东边则无法保持视线向一个方向延伸，只能四处游离。

在掬月亭东侧铺陈开来的南湖为回游式园林。这边的空间不仅是让游人远观的，而且还邀请游人走进其中，在风景之中漫步。山与水，垂直与水平，静与动，这样截然不同的两种空间竟然能在一座建筑物的两侧欣赏到，这样的设计真可谓巧夺天工。掬月亭因处于山与湖之间，恰好将两类风景隔断，所以在亭子的两侧便能看到截然不同的风景。

从掬月亭西侧的房间出来沿着北侧的走廊，便来到了东边紧邻南湖的房间了。从那里沿着南边的走廊再想回到原来的地方时，我又来到了一间茶室前。在掬月亭的南边被南湖包裹着的地方修建了一座茶室。刚才在穿过中央的初筵观时我并没有发觉还有这样一座茶室，这样的布局真是精妙。在这里没有了在掬月亭的东西两侧可以看到的那样壮丽的风景，只隐藏着一处可以称的上是『影子空间』的茶室。

从茶室中仅能看到园林的一小部分，视线被遮挡着，看不了很远。换言之，这样的屏幕效果，使得在茶室中又开拓了一座园林。就这样，通过将组成掬月亭的几间房子不规则地连接在一起，园林被分割、分解开来，而这一过程中所产生的细微的光学变化也很有趣，另人赞叹不已。

园林中的建筑物有二重作用。从外部来看，建筑物也是园林风景的一部分。但如果走进建筑物内部的话，建筑物则成为欣赏园林的一种工具，类似于摄像机一般。而且是相机的暗箱，可以从不同角度记录下园林的美。一座座房间将园林风景切割开来，给其镶上框架，进行放大，不断变焦，将连续的自然分解开，供游人欣赏。

掬月亭则具体生动地向世人诠释了建筑物与园林之间这种魔法般的关系。那里暗藏着许多镜片，通过它们映照出了园林的不同风景。从掬月亭西侧的屋子到东侧，甚

和暦	西暦	栗林園庭園関連年表
応永(頃)	一四〇〇(頃)	小普陀の石組は室町期の手法を有し応永の頃の作といわれ、仏教信仰の庭としてつくられたと考えられる。
天正一五	一五八七	生駒親正、讃岐十七万三千石の領主となる。
慶長～元和(頃)	一六〇〇(頃)	生駒家の家臣佐藤道益、現在の栗林園の地に隠居し、作庭を行ったと考えられる。
寛永 二	二五	西島八兵衛、伊勢藤堂家より生駒家に出仕する。
八	三一	この頃、八兵衛、治水政策に貢献し、香東川の流れをかえる。生駒家、道益の庭をもとに以前の香東川の河床に栗林荘を築く。八兵衛、これに関与したとされる。
一七	四〇	八月、生駒家、奥州矢島に転封される。
一九	四二	五月、松平頼重、東讃岐十二万石の領主として入封。初代松平藩主となる。栗林荘の改修に着手する。
延宝 元	七三	二月、頼重、藩主の座を退き出家する。頼常、二代藩主となる。この頃、観音堂、檜御殿などが新築される。
元禄一三	一七〇〇	「御林御庭之図」が完成する。本図にはすでに掬月亭がある。
宝永 元	〇四	三代藩主頼豊、栗林荘を改修し、二、三の茶亭を新築する。
延享 二	四五	この頃(五代藩主頼恭時代)、栗林荘が完成する。名所六十景が定められ、中村文輔、「栗林荘記」を撰す。
寛延 元	四八	園内に薬草園を創設。平賀源内らが管理にあたる。
文政 七	一八二四	六月、家老芹沢元徴、「栗林分間図」を作成する。
天保 四	三三	九代藩主頼恕、将軍徳川家斉より盆栽五葉松を拝領する(現在の根上がり五葉松)。
弘化 元	四四	栗林荘の精密な絵図が完成する。
嘉永 三	五〇	十代藩主頼胤、鴨狩に支障があるとして、北庭の栗林を伐採する。
明治 二	六九	十二月、廃藩置県により官有となる。このとき、観音堂、弁財天、檜御殿、旧日暮亭、星斗館の一部などを廃す。
八	七五	三月、栗林公園、公園に関する太政官布告に基づき一般公開される。
三一	九八	一月、日暮亭築造される。
四四	一九一一	北庭の改修に着手する(大正二年完成)。
大正一一	二二	三月、名勝に指定される。
昭和二〇	四五	五月、園外にあった旧日暮亭を復元する。七月、空襲により紫明亭、枕流亭、北門詰所などを焼失する。
二八	五三	三月、特別名勝に指定される。
三一	五六	七月、栗林公園観光事務所を設置する。
三七	六二	九月、掬月亭保存修理工事を開始する(昭和四十二年完了)。
三八	六三	十二月、西湖の赤壁の発掘に着手(翌年竣工)。
四二	六七	七月、赤壁の南隅に滝を復元する。
四五	七〇	群鴨池に菖蒲園を設置する。
五〇	七五	明治以降廃止されていた萩御門を復元する。
五九	八四	七月、紫明亭復元工事が完成する。

至是穿过初筵观细长的房间时，我仿佛有一种走在旧式相机可以伸缩的暗箱侧壁一般奇妙的感觉。

南湖回游

出了掬月亭向西走，便来到了小普陀一带。这里没有了掬月亭一带明亮、华丽的感觉，周围突然暗了下来，仿佛走入了日本中世时期充满神秘气氛的空间。对于这样空间之间的巧妙连接我很是感叹钦佩。

从小普陀沿着紫云山山脚下，沿着如同溪流般细长蜿蜒的西湖湖岸一路走来，可以看到陡峭的『赤壁』景观，也看以看到如同深山中的小溪一般幽寂的风景。茶室散落其间，一派深山幽谷的景象。园林设计者通过给自然风景添加中国元素，使得风景有了更深厚的文化内涵，也让游人可以从不同角度对风景进行解读。在高松的园林里不仅有京都园林的身影，还有中国园林的影子。在一座园林中，日本文化和中国文化相遇。而给园林景观命名则有着重大意义。例如，如果将一处风景命名为赤壁的话，就会让人联想到中国文化中的赤壁，而风景则自然而然地带有了历史的色彩。

据记载，元禄十三年（一七〇〇年）便已有了栗林公园六十景的评选。这样的评选虽然在一定程度上只是人们对于风景的想象，但通过历史隐喻、引用异国的地名等方式解读园林这本宏大著作，也别有一番趣味。园林可以说

飛猿巌から掬月亭方向を望む

是地点与命名的空间。栗林六十景也表现了一个时代对于这座园林的解读。园林设计者将模糊联系在一起、自然混沌状态的空间进行分割、命名，一座园林便呈现在了世人的面前。通过给风景命名的方式，人们记住了这些风景，也通过这样的方式园林可以不断重复地被游人欣赏。

从小普陀向东走便来到了南湖的南岸。环绕南湖的小路是栗林公园中最具变化的一条道路，也是一条有趣热闹的散步道路。南岸长满了接连不断的枫树，在红叶的季节十分壮观。穿过这些树下的时候还可以看到南湖的三座小岛。不一会儿便来到了偃月桥。站在半圆的弧形桥面上，从上往下欣赏南湖，有一种站在水面的感觉，十分有趣。

过了偃月桥，便来到了飞猿岩前。在这俯视湖面的地方堆放了许多粗狂的石头。因为这些石头另人联想到战国时期城堡的石头围墙，因此，这些大概是庆长时期修建的吧。沿着南湖岸边一路走来的风景都是明快优雅的，像这样突然看到如此豪放、粗狂的景观，给人以深刻的印象。

离开飞猿岩，过了迎春桥，有道路可以返回到掬月亭；但如果一直向东走，便来到了栗林园东边的道路上了。再向南走，会看到『吹上』这一景观，它前面是一座低矮的小山，这便是飞来峰。登上飞来峰，隔着南湖便可看到对面的掬月亭了。这里不仅可以看到南湖，也还是观赏紫云山的最佳位置。而如果从掬月亭欣赏南湖的话，这座飞来峰便成为了南湖的背景假山。

我站在飞来峰上环视整座栗林园。首先看到的是群山。山脚下有小河流淌。在那里人们仿佛看到了理想之乡。河水干枯了，在干枯的河床上人们修建了道路，修筑了池塘。工人搬来了石头，在那里种上了树木，建起了茶室，空间逐渐丰满了起来，园林渐渐浮现在眼前。我便这样，如同做白日梦一般想象着栗林园建造的历史。

（评论家）

本书的书名为《栗林园》，但栗林园在指定为特别名胜时被叫做『栗林公园』，在这篇文章中笔者选择使用了后者。

庭园解说　栗林园

斋藤　忠一

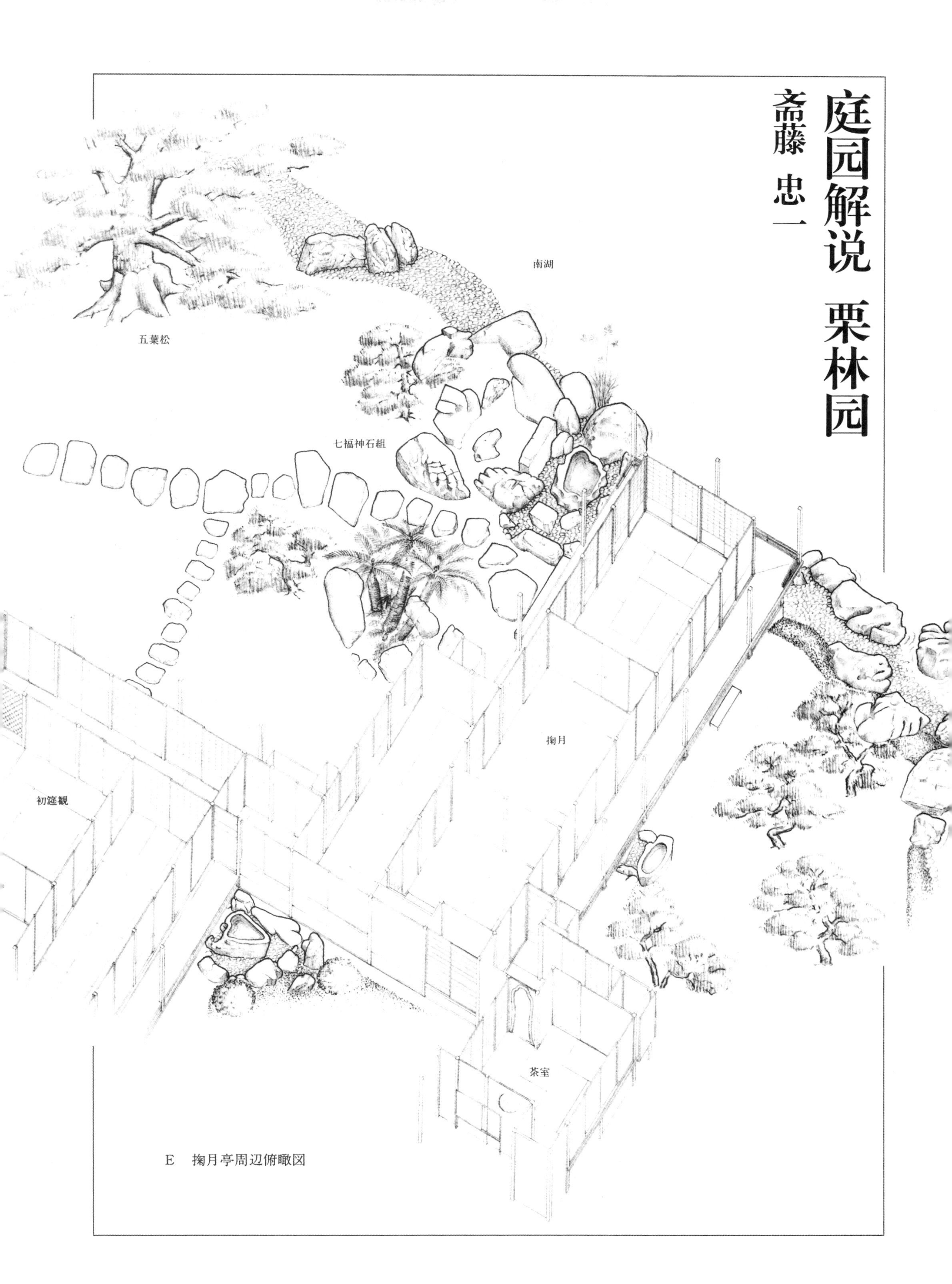

E　掬月亭周辺俯瞰図

紫雲山
翠嵐亭
枕流亭
潺湲池
石梁
芙蓉沼
北門
香風亭
永代橋
石松
商工奨励館
梅林
秋島
夏島
冬島
群鴨池
瞰鴨閣
讃岐民芸館
菖蒲園
紫明亭
毘沙門天祠
鴨場跡(復元工事中)
多聞島
鴨引堀跡
春島
東門
(切手御門)
常磐橋
0
10
20
30
40
50
100
200m

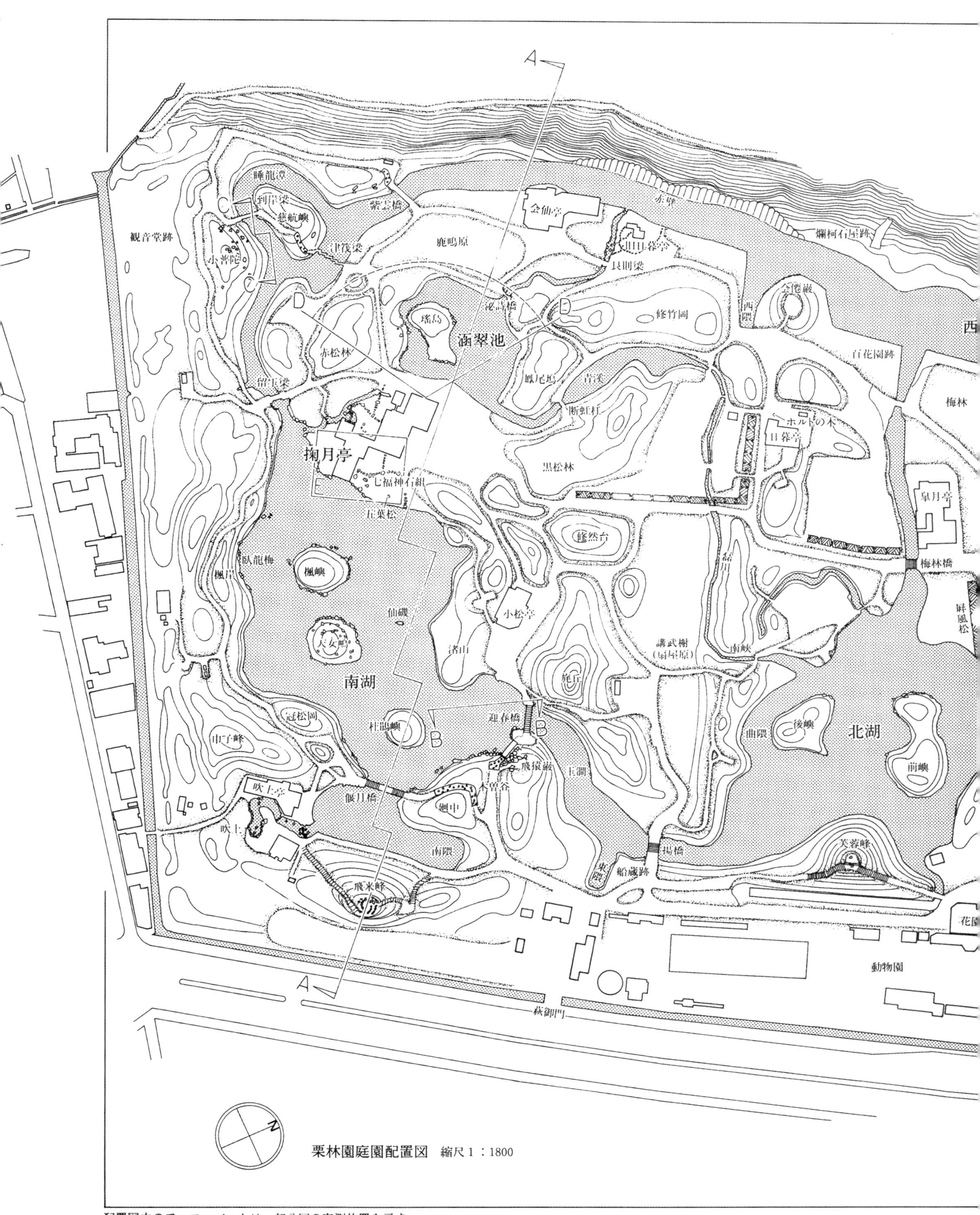

栗林園庭園配置図　縮尺 1：1800

配置図中のアルファベットは、部分図の実測位置を示す。

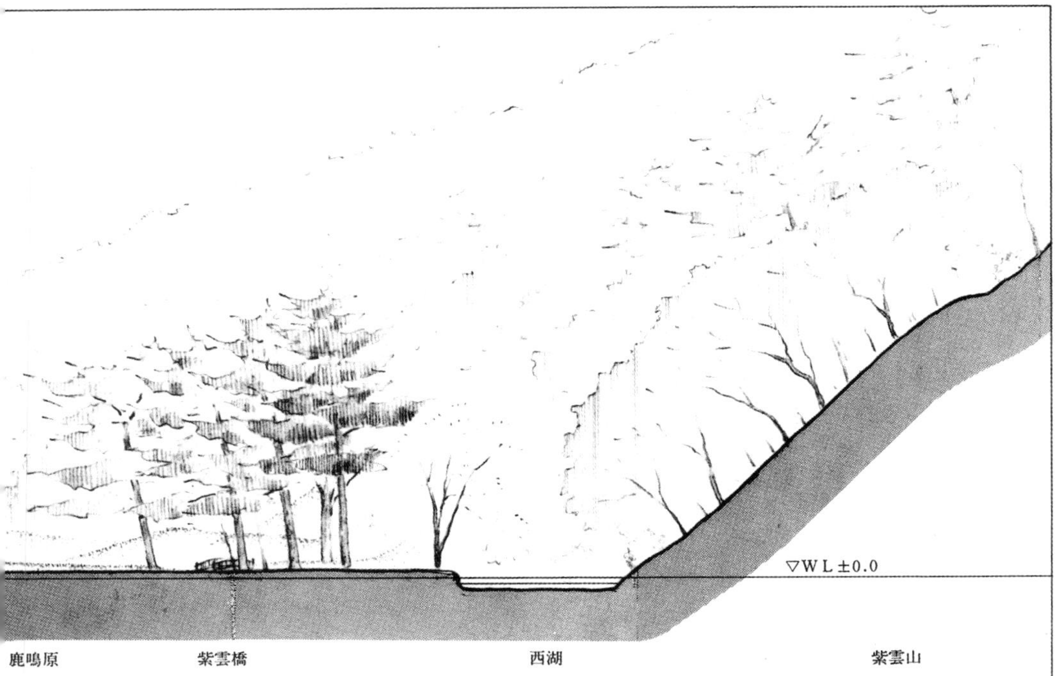

▽WL ±0.0

鹿鳴原　紫雲橋　西湖　紫雲山

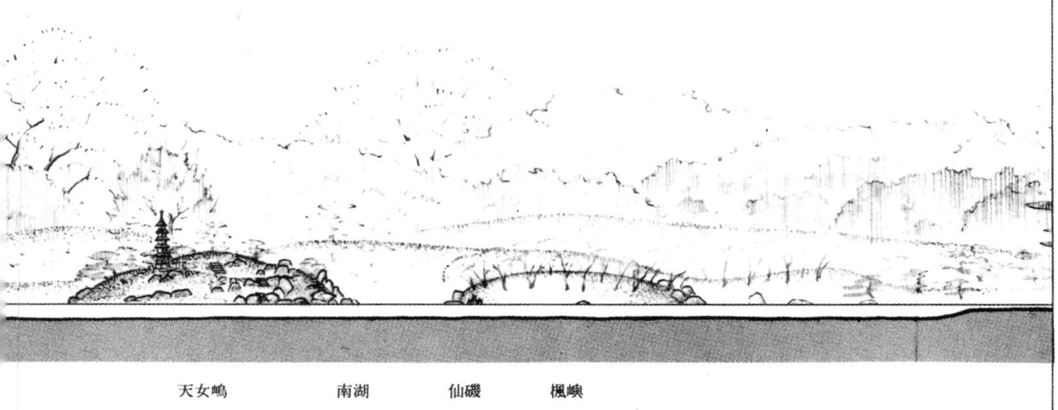

天女嶋　南湖　仙磯　楓嶼

秀丽的紫云山

栗林园早上的开园时间很早。夏天的时候是五点半。站在东门眺望园林，可以看到雨后的紫云山笼罩在雾气之中，渐渐露出了它的真容。

游人欣赏着入口处绿色的松树，心灵如同被洗涤过一般澄澈，不知不觉间便来到了种满了雪松的西式园林广场处。这里是松平第一代藩主——赖重公的隐退之地，修建有桧御殿。现在这里是商工奖励馆和民艺馆。

以桧御殿遗迹为中心，栗林园被分为北庭与南庭两部分。北庭由濡溪池、芙蓉沼、群鸭池等组成，南庭由北湖、南湖、涵翠池、西湖等构成。团体观光客通常参观的是南庭部分。

庆长元和年间辅佐高松藩主——生驹家的佐藤道益隐居在此，开始在这里建造园林，这便是栗林园最初的历史，具体位置是现在园林西南部紫云山山脚下一带的地方。设计者选址在那里不是为了眺望紫云山，而是为了被紫云山的山谷所环抱。而赖重公将那一带的紫云山作为了整个园林的中心。因此，整个池泉园林都是与紫云山平行而建的。

从御殿遗迹所观赏到的紫云山拥有茂密的绿色，十分美丽。

多姿多彩的松树之美

包括紫云山在内，从御殿遗迹望去，满目尽是松树的翠绿。而松树则被修剪得整整齐齐，另人叹为观止。一株株松树当然很美丽，云海似的连成一片的松树也别有一番风韵，还有修剪整齐的箱子形状的松树也有一种美在其中，松树的美真可谓多姿多色。

高松的松树很是美丽，美丽到让人觉得『高松』这个地名应该就是由美丽的松树而来的吧。而栗林园所拥有的美丽风景则可以说将这一地方特色发挥到了极致。

日式园林的基本设计思想为神仙蓬莱思想。而在植物当中，松树、柏树则被认为是最长寿的。历经千年的松柏，向四方伸展着枝丫，树梢短短的，整体呈伞盖状。

而栗林园的松树真的呈现出历经千年的姿态。此外，清一色松树的景象，远远望去，仿佛如同神仙蓬莱世界一般。

在大名园林中，栗林园属于非常独特的园林，在园中很少能看到鹤岛、龟岛。但是，

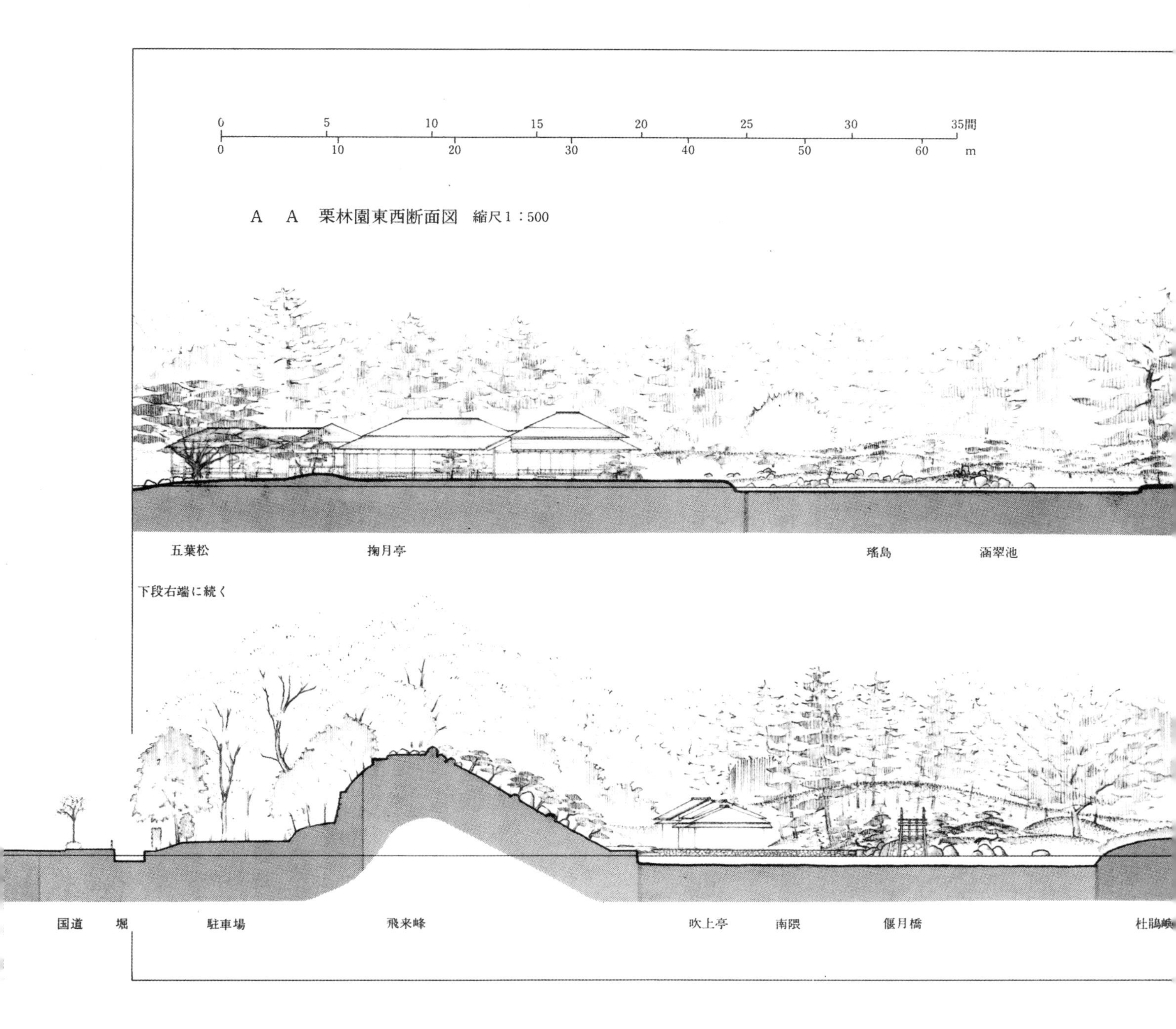

人们依然能够看出这座园林是根据神仙蓬莱世界建造而成的。

六大水局的大池泉

栗林园中，除紫云山外，平地占地南北约三百五十间 ，东西约一百四十间，总面积为四万九千坪。其中，湖水面积约为一万一千坪。

宽永年间，生驹第四代藩主高俊改建了分为东西两条支流的香东川河道，只保留了西侧的支流，在东侧旧的支流河床上修建了栗林园。也正是这个缘故，丰富的地下水喷涌而出，园林设计者利用这个天然优势，建造了拥有六大水局的大池泉。

松平第二代藩主赖常的时代，曾出现连年干旱。作为救济饥民的一种方式，赖常命人新建、改建池泉，给参加工程建设的百姓发放大米和工资，同时也给搬运珍石奇木的工人提供钱财、粮食。

从此以后，历代藩主都效仿赖常，将扩建园林作为应对失业的一种策略，在园林修建上耗费了大量心血，尽量使更多的人有工作可做。

园林是否美丽在很大程度上取决于其管理是否到位，而就栗林园说，可以说人们在这座园林上投入了太多的精力。修剪齐整的松树就是一个典型的代表。作为辛勤劳动的回报，栗林园这座无可比拟、最美丽的大名园林也建成了。

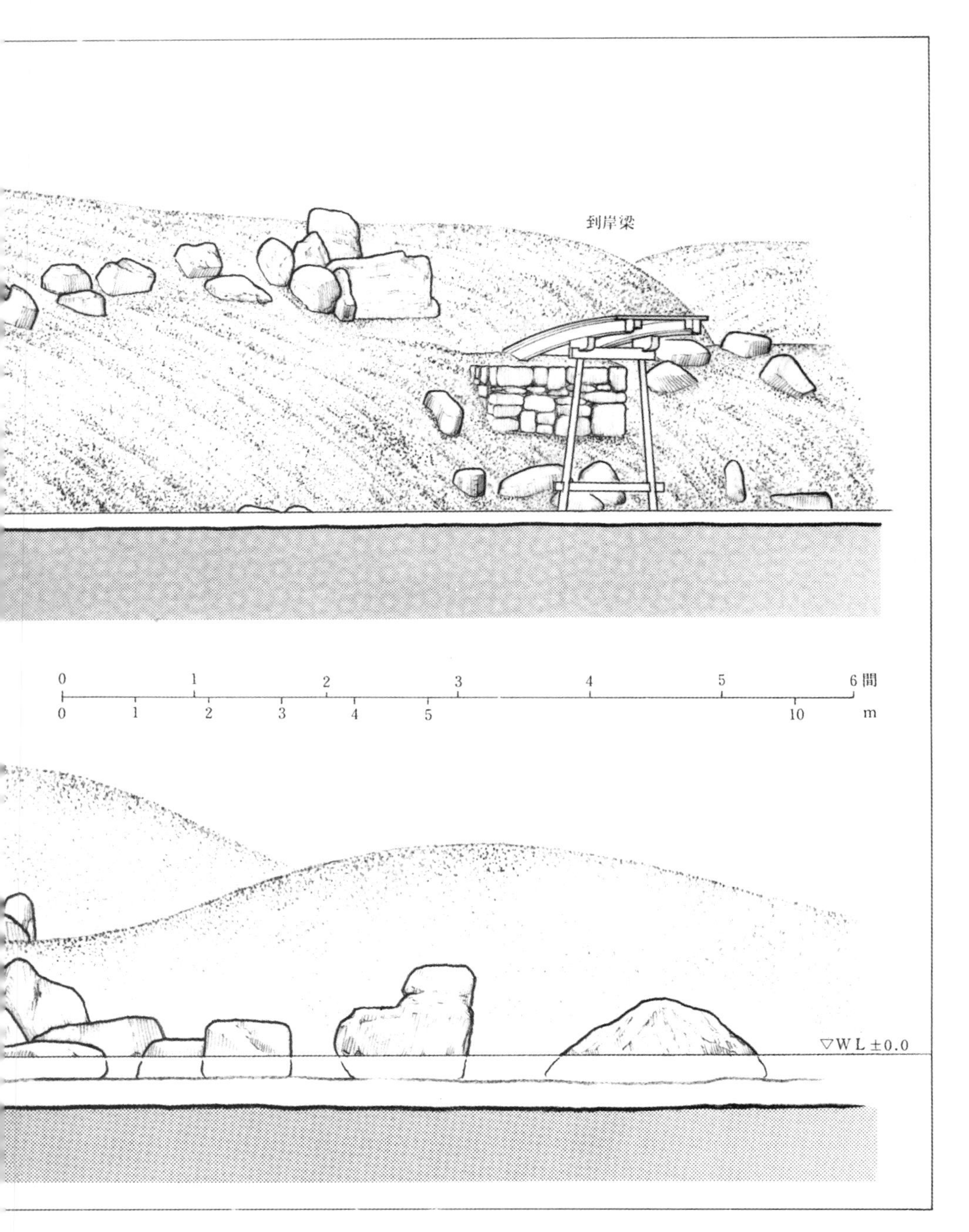

从北湖到南湖

穿过屏风松、箱松等成排松树组成的隧道后，东侧便是北湖了。

站在被称为『赤桥』的朱红色梅林桥上眺望池泉，池泉的东岸耸立着形状像富士山一样的假山，池泉中左右（北和南）各有一座小岛，名为前岛、后岛，园林界的术语称为主人岛、客人岛。由各种奇形怪状的石头构成石组，可以从中看出蓬莱岛的设计手法。

这里也到处都是松树，一派幽邃的景象。登上东岸富士山形状的假山——芙蓉峰后，可以看到赤桥在一片绿色之中非常显眼。

紫云山的北边是稻荷山，南边则是紫云山的两座山峰。从芙蓉峰的正面可以看到以稻荷山山顶为中心的大山容貌。山脊呈碗形翘起，看上去十分娇艳。

在北湖与南湖之间横亘着东西走向的细长形『扇屋原』。这里被称为讲武榭，原来曾是训练射箭、练习马术的地方，建有矢场御殿、马场御殿等建筑物。从涵翠池到北湖间还有一条东西流向的磊川，这里的松树间还栽种有樱花树，樱花开时十分漂亮。

南湖的景观

从悠然台与黑松林之间穿过，便来到了掬月亭。掬月亭东临南湖，西接涵翠池。掬月亭是以赏月为主要功能的茶亭，据推测，在松平家之前的生驹家统治时代已建成。

南湖的东岸也与北湖一样，都建有一座富士山形状的假山，名为飞来峰，它前面是一座巨大的拱形桥——偃月桥。偃月桥与飞来峰组合在一起非常和谐，犹如一幅优美的绘画作品。

池泉中，以中央的岩岛——仙矶为中心，建有枫岛、天女岛、杜鹃岛这四座岛屿。

天女岛的正面树立有一块巨大的石头，中央则栽种有柏树。和松树一样，柏树也是不老长生的植物。据说，四座岛屿象征着蓬莱、方丈、瀛洲、壶梁等神仙岛。

南湖的北岸是湖岸线优美的松树林，南岸则是护岸较高的枫树林。与北岸不同，南岸种有杜鹃、枫叶、梅花、樱花、海棠等花草树木，一年四季姹紫嫣红，变幻无穷。

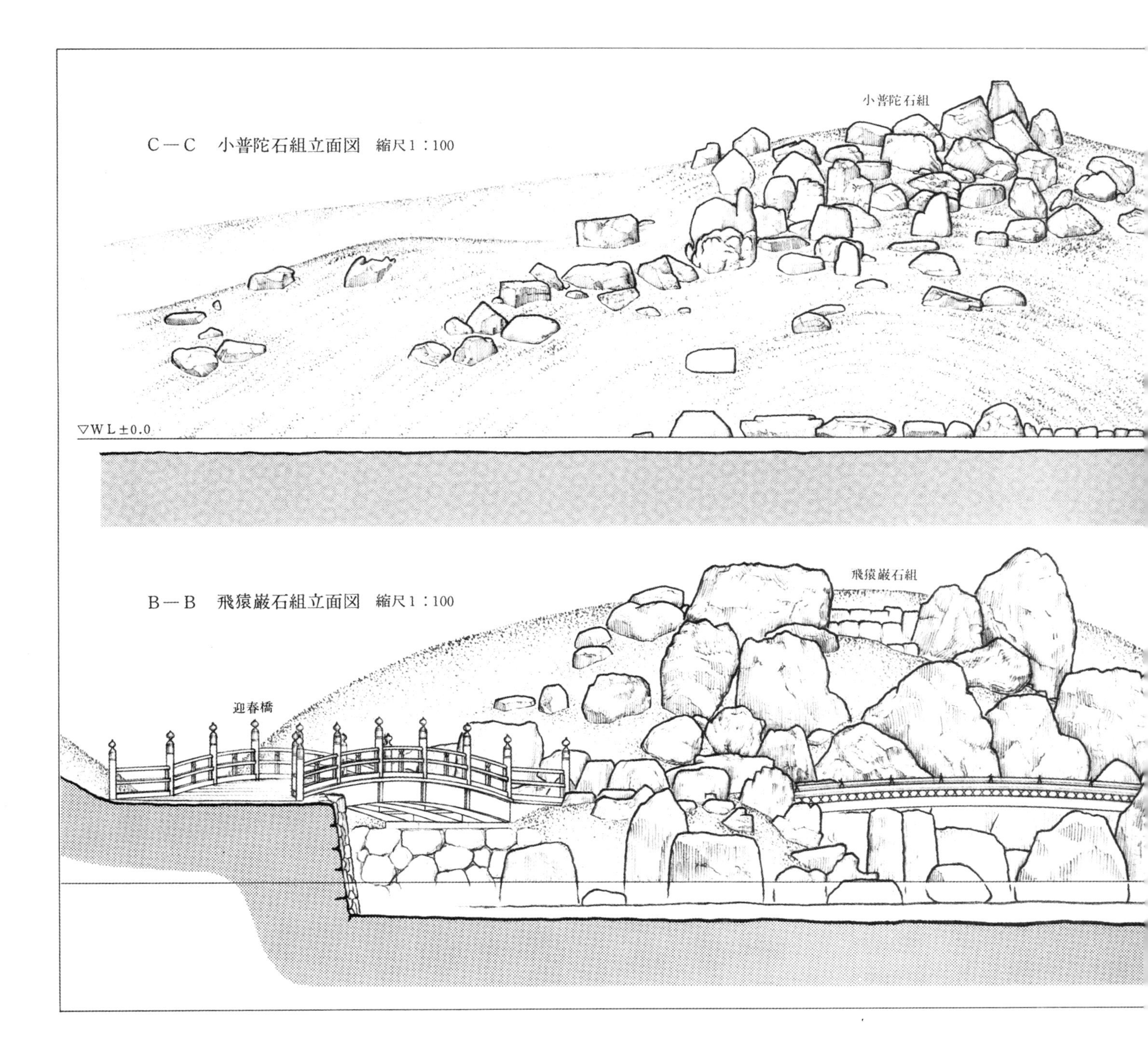

从南湖有一条名为『玉涧』的小河向北湖流去，上面架有迎春桥，迎春桥的东侧是『飞猿岩』石组，这一石组在整座园林中是最为宏伟壮观、气势恢宏的。栗林园中的石组大多采用珍石怪石堆砌而成，而飞猿岩则与众不同，它并没有利用奇形怪状的石头，只是整体规模更加宏大。此外，沿着飞猿岩石组修建一条栈道的设计也非常独特。

过了偃月桥，渡过『吹上』曲水之后，便登上了飞来峰。眼前是以偃月桥为主的池水前景，后面是杜鹃岛，再往前便是仙矶岩岛，北边是渚山的松林，还可以隐约看到松林中的九重小塔，南边是天女岛和枫岛，遗迹对面池塘边是掬月亭。除此之外，还能看到白色的石头岸上巨大的五叶松。

正面面对着山谷，右手是稻荷山，左手是紫云山的山顶相连，雄伟壮观的自然风景使得观者内心澎湃。飞来峰不光处于从掬月亭所看到的风景中心，而且也是眺望紫云山的最佳位置。

涵翠池和瑶岛

掬月亭西边的涵翠池虽然面积不大，但却内容丰富，风景秀丽。涵翠池的名字或许暗含着翠绿丰富的池泉之意吧。中岛的松树和紫云山上的翠绿遥相呼应。

涵翠池的中岛名为瑶岛。意思是住着仙人的岛屿，蓬莱神仙岛。蓬莱岛上生长着许多可以制成仙药的仙草，还有许多洞窟。在那里住有仙人，有时还会藏有制好

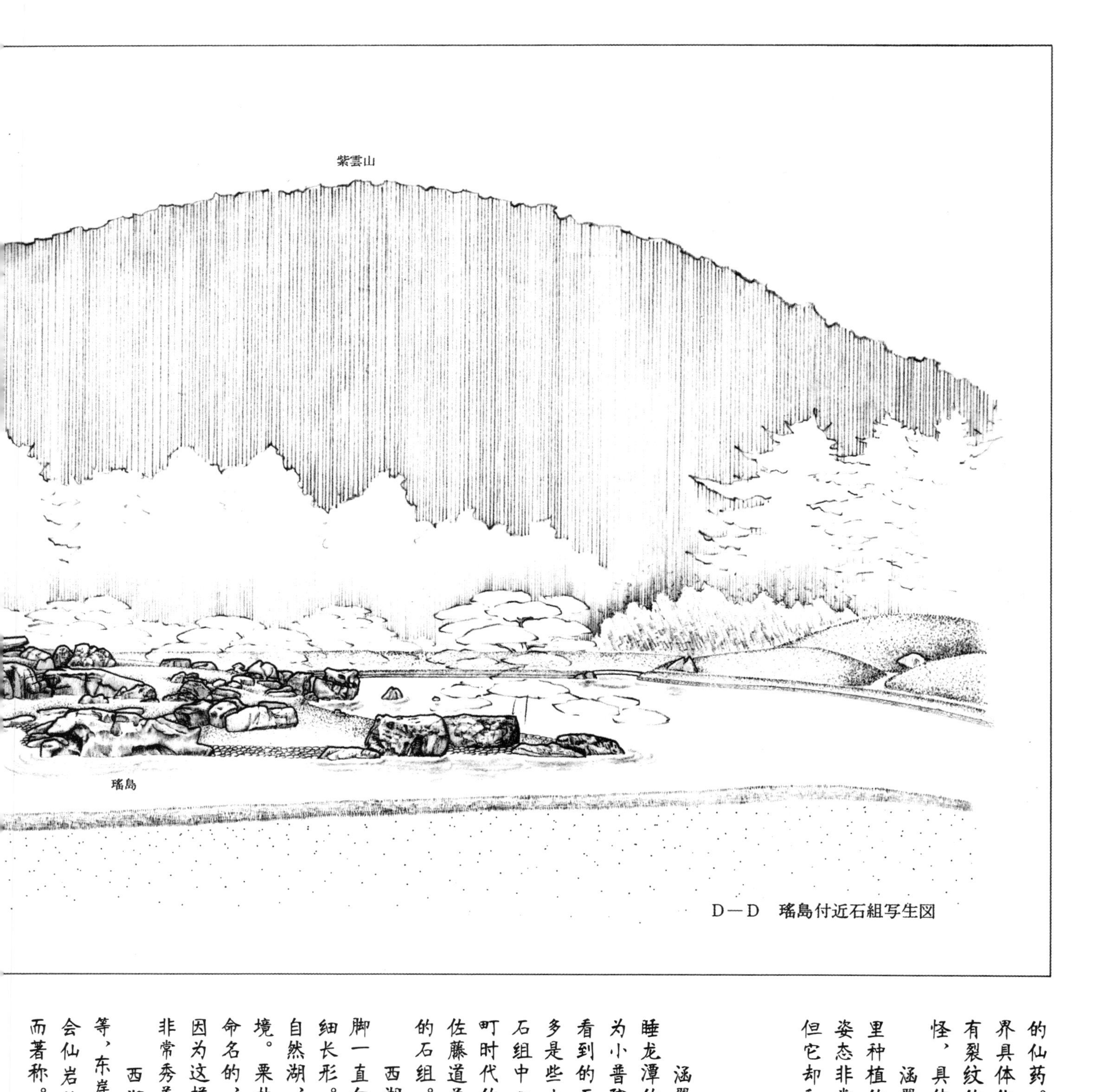

D—D　瑤島付近石組写生図

的仙药。而瑶岛则将这种蓬莱岛的神仙世界具体化了。岛上有像洞窟般凹陷的石头、有裂纹的石头、形状怪异的石头，千奇百怪，具体而真实地再现了蓬莱岛。

涵翠池的北岸被称为凰尾坞。因为那里种植的铁树叶子形状与凤凰张开羽毛的姿态非常相似，所以才会有这样的名字吧，但它却和瑶岛的风格非常贴切融合。

从小普陀到西湖

涵翠池的西侧为鹿鸣原，南边是名为睡龙潭的池泉，睡龙潭的南岸假山上是名为小普陀的一组石组。这一石组和之前所看到的石组都不相同，没有奇岩怪石，大多是些小石头，但看上去却非常稳固。从石组中心石较为锋利的裂纹看来，像是室町时代的产物，从这一点可以推断出它与佐藤道益有一定的关系，是栗林园发源时的石组。

西湖发源于睡龙潭，沿着紫云山的山脚一直向北延伸至三百米远，整个西湖呈细长形。西湖原本位于中国杭州，是一座自然湖，景色优美，堪称园林中的理想佳境。栗林湖的西湖便是仿照中国的西湖而命名的，之后才有了北湖、南湖等名称。因为这样优美的名字，也表明了那是一座非常秀美的池塘。

西湖的西岸是赤壁、　柯石屋遗迹等，东岸则有日暮亭、会仙岩等名胜古迹。会仙岩的石组也同飞猿岩一样，以宏大而著称。

西湖的北边是浅浅流淌绵延一百米的潺溪池。

芙蓉沼和群鸭池

潺溪池的东北部是大约绵延二百米的芙蓉沼。湖里种满了莲花，东岸中间位置建有香风亭。

群鸭池则以永代桥与芙蓉沼相连，是栗林园中面积最大的池塘。群鸭池以多闻岛为大型中岛，四周散落着名为春夏秋冬的四座小岛。该池塘是为猎鸭所修建的，因此挖有许多诱捕鸭子的沟渠。

该池塘以阔叶树为主要景观树木，是一座非常适合散步的池泉。群鸭池的南岸是瞰鸭阁，北岸则是紫明亭。

六大水局都修建得非常精巧，任意一座池泉都可以单独作为一座园林欣赏。因此，要想一次欣赏完所有内容便有些过于仓促了。

梅林的梅树，小普陀的白木莲，南庭等地方的椿树、樱花、杜鹃花，群鸭池的菖蒲，涵翠池的睡莲，津筏梁的燕子花，渚山的野萱草，芙蓉沼的莲花，枫岸的枫树等，栗林园一年四季风景宜人，是一座适合慢慢欣赏的园林。

（园林家）